普通高等教育"十三五"规划教材

ANSYS Workbench 16.0 基础教程及实例分析

主　编　程贤福
副主编　梁高峰　万　冲　程安辉
　　　　罗珺怡　高东山　邱浩洋

华中科技大学出版社
中国·武汉

内 容 简 介

ANSYS 作为国际流行的融结构、热、流体、电磁、声学于一体的大型通用有限元分析软件,广泛应用于机械、土木、水利、机电、航天、冶金等领域。本书是作者在使用 ANSYS Workbench 16.0 解决实际工程问题的基础上,参考文献资料完成的。全书共 8 章,第 1~4 章为 ANSYS Workbench 16.0 基础操作部分,详细介绍了有限元分析建模、网格划分、求解及后处理操作。第 5~8 章为典型实例部分,分别介绍了静力学分析实例、动力学分析实例、热分析实例及屈曲分析实例。本书以结构分析为主,同时兼顾热分析,并附有大量的实际工程的例子,内容由浅入深、循序渐进、操作性强。

本书可以作为理工科院校有关专业的高年级本科生、研究生及教师学习使用 ANSYS Workbench 16.0 的教材或参考书,也可作为从事机械制造、交通运输、航空航天、汽车、造船、电子生物医学等领域科学研究及产品开发的广大工程技术人员使用 ANSYS Workbench 16.0 的参考书。

图书在版编目(CIP)数据

ANSYS Workbench 16.0 基础教程及实例分析/程贤福主编. —武汉:华中科技大学出版社,2017.7
(2024.8 重印)
普通高等教育"十三五"规划教材
ISBN 978-7-5680-2992-6

Ⅰ.①A… Ⅱ.①程… Ⅲ.①有限元分析-应用软件-高等学校-教材 Ⅳ.①O241.82-39

中国版本图书馆 CIP 数据核字(2017)第 125700 号

ANSYS Workbench 16.0 基础教程及实例分析
ANSYS Workbench 16.0 Jichu Jiaocheng ji Shili Fenxi

程贤福 主编

策划编辑:汪 富
责任编辑:戢凤平
封面设计:廖亚萍
责任校对:刘 竣
责任监印:周治超
出版发行:华中科技大学出版社(中国·武汉)   电话:(027)81321913
          武汉市东湖新技术开发区华工科技园   邮编:430223
录   排:武汉楚海文化传播有限公司
印   刷:武汉邮科印务有限公司
开   本:787mm×1092mm   1/16
印   张:14.75
字   数:353 千字
版   次:2024 年 8 月第 1 版第 4 次印刷
定   价:38.00 元

前　言

在科技发展日新月异的今天,传统的产品研发模式正发生着根本性的变革。ANSYS Workbench 作为 ANSYS 公司于 2002 年开发的新一代产品研发平台,不但继承了 ANSYS 经典平台在有限元仿真分析上的所有功能,而且融入了 UG、Pro/E 等 CAD 软件强大的几何建模功能和 ISIGHT、BOSS 等优化软件在优化设计方面的优势,真正实现了集产品设计、仿真和优化功能于一身,可以帮助技术人员在同一软件环境下完成产品研发过程中的所有工作,从而大大简化产品开发流程,缩短产品上市周期。

本书以最新的 ANSYS 16.0 为写作基础,以应用为教学目的,结合实例来讲解 ANSYS Workbench 机械仿真及其应用。全书共 8 章,具体内容如下。

第 1 章为 ANSYS Workbench 16.0 概述,简要介绍了 ANSYS Workbench 16.0 的功能特点、工作界面及一些分析过程。通过这一章的学习,读者可以对 ANSYS Workbench 16.0 有一个大致了解。

第 2 章主要介绍了如何在 ANSYS Workbench 16.0 中建立模型,包括创建草图、3D 几何体等,还介绍了如何导入外部 CAD 文件,以及概念建模的相关概念。

第 3 章为网格划分,主要介绍了 ANSYS Workbench 16.0 下的 Mesh 平台网格划分方法,包括全局网格控制、方法控制以及局部网格控制。

第 4 章首先介绍 Mechanical 的工作环境、前处理,然后介绍如何在模型中施加载荷及约束等内容,最后介绍了结果后处理等内容。读者学习时,应重点掌握 Mechanical 前处理和施加载荷及约束的方法。

第 5 章为静力学分析的基础内容,通过两个实例介绍了静力学分析的基本流程,并对静力学分析中的一些关键点进行了强调,对网格划分采用了不同的方式,详细介绍了约束和载荷的添加。

第 6 章为动力学分析,通过典型实例详细介绍了模态分析和随机振动分析的一般方法及应用场合。

第 7 章主要介绍了工程热力学分析的基本知识,以及有限元热分析的基本操作。热分析中最主要的就是抓住并区分稳态热分析和瞬态热分析,根据相应的分析选择相应的模块进行求解计算。

第 8 章为屈曲分析,主要介绍线性屈曲分析和非线性屈曲分析的基础知识,以及分析的流程,并以起重机卷筒为例具体介绍了线性屈曲分析和非线性屈曲分析的分析方法和步骤。

本书中所列举实例的相关资源可通过扫描封底的二维码获取(http://jixie. hustp. com/index. php? m＝Teachingbook＆a＝detail＆id＝18)。

本书由程贤福、梁高峰、万冲、程安辉、罗珺怡、高东山、邱浩洋编写。由于作者水平及时间有限,书中难免有一些疏漏和不足之处,恳请广大读者及业内人士批评指正。

作　者
2017 年 3 月

目　　录

第1章 ANSYS Workbench 16.0 概述

1.1 ANSYS Workbench 16.0 概述

ANSYS能与多数 CAD 软件结合使用,实现数据共享和交换,如 AutoCAD、I-DEAS、Pro/E 等。作为最成功的 CAE 软件,ANSYS 在工程界得到了普遍认可和广泛应用。ANSYS公司在 2002 年发布 ANSYS 7.0 的同时推出了 ANSYS 经典版和 ANSYS Workbench 版。作为第二代 Workbench,ANSYS 公司近几年又陆续发布了 ANSYS Workbench 15.0、ANSYS Workbench 16.0。

Workbench 平台的功能主要体现在三个方面:仿真项目的流程管理、仿真数据的管理、仿真参数的管理和优化设计。

1.1.1 仿真项目的流程管理

Workbench 通过项目管理窗口(project schematic)实现对分析项目流程的搭建和组织管理,一个分析流程可以包含若干个程序组件或分析系统。在项目管理窗口中,仿真分析流程中包含的各组件都依赖于其上游组件,只有上游组件的任务完成后,当前组件才可以开始工作。Workbench 通过直观的指示图标来区分不同组件的工作状态,用户可以通过这些提示信息来了解分析项目的当前进度情况。

1.1.2 仿真数据的管理

在 Workbench 中,集成的大部分程序模块都是数据集成而不是界面的集成。在一个分析项目中,所有相关集成模块形成的数据和形成的文件由 Workbench 进行统一管理。不同模块所形成的数据可以在仿真流程的不同分析组件或分析系统之间进行共享和传递。以热固分析为例,热传递和固体应力分析的有限元分析模型可以是共用的,这是一个典型的数据共享;而热传递分析得到的温度场数据则传递到固体应力分析中作为载荷来施加,这是一个典型的数据传递。

1.1.3 仿真参数的管理和优化设计

Workbench 的另一个重要作用是对各集成数据程序模块所形成的参数进行统一管理。这些参数可以是来自于 CAD 系统的设计参数,也可以是在分析过程中提取和形成的计算输出参数。在 Workbench 中还包含一个参数和设计点(不同参数的一个组合方案)的管理界面,此界面能够对所有的参数及设计点实施有效的管理,基于这一管理界面的设计点列表及图示功能,可以实现对方案的直观比较。此外,基于 ANSYS Workbench 集成的设计优化(design exploration)模块可以实现基于参数的优化设计。

ANSYS Workbench 16.0 与之前的版本相比较,具有以下优点:

- 更强大的仿真能力——可仿真更大规模、更复杂的实际工程问题;
- 更快的计算速度——基础算法、网格划分、高性能计算;
- 更便捷的协同设计——多域、多物理场、嵌入式代码、驱动电路、部件交互验证;
- 更好的稳健性——充分的空间探索和设计,伴随求导;
- 全面的多物理场仿真——充分考虑实际部件在真实工作环境下的特性。

1.2　ANSYS Workbench 16.0 平台及模块

ANSYS 安装完成后,从 Windows 的"开始"菜单启动:执行 Windows 7 系统下的"开始"→"所有程序"→"ANSYS 16.0"→"Workbench 16.0"命令,即可启动 ANSYS Workbench 16.0,如图 1-1 所示。

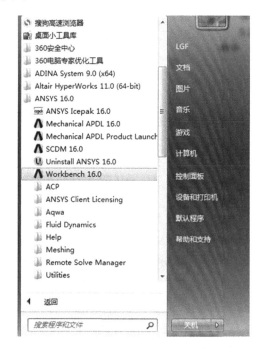

图 1-1　Workbench 启动路径

1.2.1　Workbench 16.0 平台界面

Workbench 16.0 平台界面如图 1-2 所示。启动软件后,可以根据个人喜好设置下次启动时是否同时开启导读对话框。如若不需要启动导读对话框,可单击导读对话框底端的勾选按钮☑取消选择。

Workbench 16.0 平台界面由以下六个部分构成:菜单栏、工具栏、工具箱(toolbox)、项目管理窗口(project schematic)、信息窗口(message)和进程窗口(progress)。

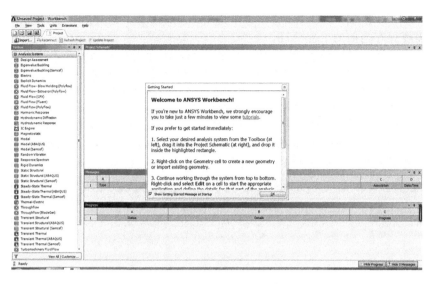

图 1-2　Workbench 16.0 平台界面

1.2.2　菜单栏

菜单栏包括 File(文件)、View(视图)、Tools(工具)、Units(单位)、Extensions(扩展)和 Help(帮助)六个菜单。这六个菜单包括的子菜单及命令如下。

1. File 菜单

File 菜单中的命令如图 1-3 所示,对其中的常用命令介绍如下。

图 1-3　File 菜单

New——建立一个新的工程项目,在建立新工程项目前,Workbench 16.0软件会提示用户是否需要保存当前的工程项目。

Open…——打开一个已经存在的工程项目,同样会提示用户是否需要保存当前的工程项目。

Save——保存一个工程项目,同时为新建立的工程项目命名。

Save As…——将已经存在的工程项目另存为一个新的项目名称。

Import…——导入外部文件,单击"Import…"命令会弹出如图1-4所示的对话框,在该对话框的文件类型栏中可以选择多种文件类型。

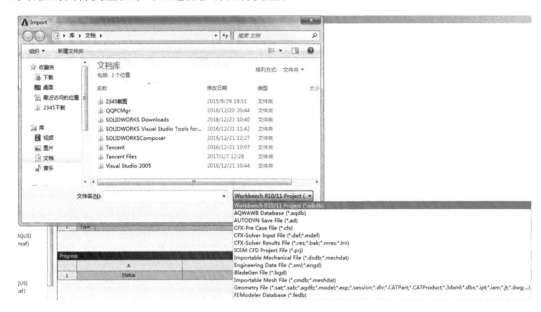

图1-4　Import支持的文件类型

Archive…——将工程文件存档。单击"Archive…"命令后,在弹出的如图1-5所示的"Save Archive"对话框中单击"保存"命令,然后在弹出的如图1-6所示的"Archive Options"对话框中勾选所有选项,并单击"Archive"按钮将工程文件存档。在Workbench 16.0平台的"File"菜单中单击"Restore Archive"命令即可将存档文件读取出来。

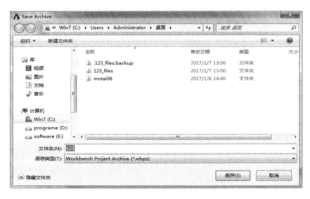

图1-5　Save Archive对话框　　　　　图1-6　Archive Options对话框

2. View 菜单

View 菜单中的命令如图 1-7 所示,对其中的常用命令介绍如下。

Compact Mode(简洁模式)——单击此命令后,Workbench 16.0 平台将压缩成一个小图标  置于操作系统的桌面上,同时任务栏上的图标消失。如果将鼠标移动到 图标上,Workbench 16.0 平台将变成如图 1-8 所示的简洁模式。

图 1-7 View 菜单　　　　　　　　图 1-8 Workbench 16.0 简洁模式

Reset Workspace(复原操作平台)——将 Workbench 16.0 平台复原到初始状态。

Reset Window Layout(复原窗口布局)——将 Workbench 16.0 平台的窗口布局复原到初始状态。

Toolbox(工具箱)——单击此命令来选择是否隐藏左侧的工具箱。单击"Toolbox"命令取消前面的"√",Toolbox 将被隐藏,反之,Toolbox 将处于显示状态。

Toolbox Customization(用户自定义工具箱)——单击此命令将在窗口中弹出如图 1-9 所示的 Toolbox Customization 窗口。用户可以通过单击各个模块前面的勾选按钮☑来选择是否在 Toolbox 中显示相应模块。

Project Schematic(项目管理窗口)——单击此命令来确定是否在 Workbench 16.0 平台上显示项目管理窗口。

Files(文件)——单击此命令会在 Workbench 16.0 平台下侧弹出如图 1-10 所示的 Files 窗口,窗口中显示了本工程项目里的所有文件及文件路径等信息。

Properties(属性)——单击此命令后再单击"A7 Results"表格,此时会在 Workbench 16.0 平台右侧弹出如图 1-11 所示的 Properties of Schematic A7:Results 窗口,该窗口里显示的是"A7 Results"栏中的相关信息。

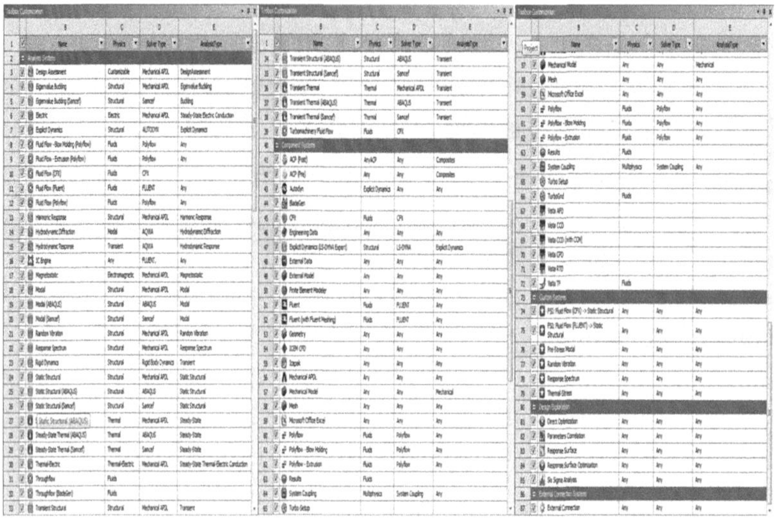

图 1-9 Toolbox Customization 窗口

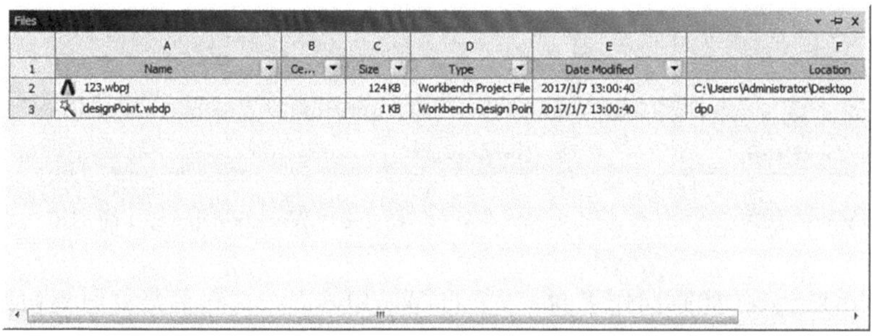

图 1-10 Files 窗口

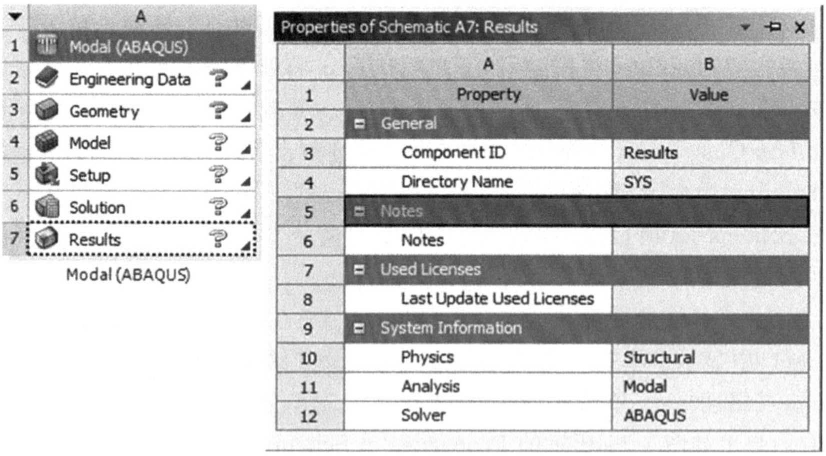

图 1-11 Properties of Schematic A7:Results 窗口

3. Tools 菜单

Tools 菜单中的命令如图 1-12 所示,对 Tools 菜单里的常用命令说明如下。

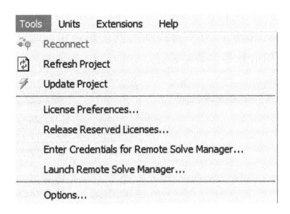

图 1-12　Tools 菜单

Refresh Project(刷新工程数据)——当上行数据中的内容发生变化时,需要刷新板块(更新也会刷新板块)。

Update Project(更新工程数据)——数据已更改,必须重新生成板块的输出数据。

License Preference…(参考注册文件)——单击此命令后,会弹出如图 1-13 所示的注册文件对话框。

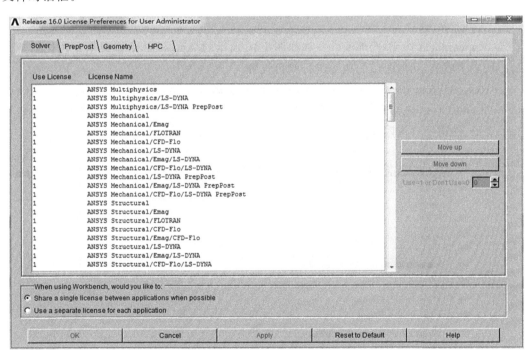

图 1-13　注册文件对话框

Launch Remote Solve Manager…(加载远程求解器管理器)——单击此命令可以进行远程求解的提交工作。

Options…(选项)——单击此命令将弹出如图 1-14 所示的 Options 对话框,对话框中主要包括以下选项卡:

• Project Management(项目管理)选项卡——在如图 1-15 所示的 Project Management 选项卡中可以设置 Workbench 16.0 平台启动的默认目录和临时文件的位置、是否启动导读对话框及是否加载新闻信息等参数。

图 1-14　Options 对话框　　　　　　图 1-15　Project Management 选项卡

• Appearance(外观)选项卡——在如图 1-16 所示的 Appearance 选项卡中可以对软件的背景、文字颜色、几何图形的边等进行颜色设置。

• Regional and Language Options(区域和语言选项)选项卡——在如图 1-17 所示的 Regional and Language Options 选项卡中可以设置 Workbench 16.0 平台的语言,其中包括德语、英语、法语及日语四种语言。

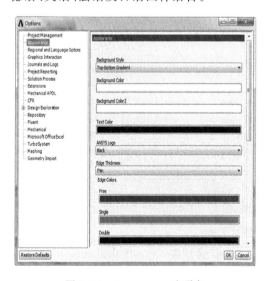
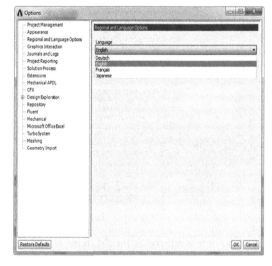

图 1-16　Appearance 选项卡　　　　　　图 1-17　Regional and Language Options 选项卡

• Graphics Interaction(几何图形交互)选项卡——在如图 1-18 所示的 Graphics Interaction 选项卡中可以设置鼠标对图形的操作，如平移、旋转、放大、缩小和多体选择等操作。

• Extensions(扩展)选项卡——在如图 1-19 所示的 Extensions 选项卡中可以添加一些用户自己编写的 Python 程序代码。

图 1-18　Graphics Interaction 选项卡　　　　　图 1-19　Extensions 选项卡

• Geometry Import(几何导入)选项卡——在如图 1-20 所示的 Geometry Import 选项卡中可以选择几何建模工具，即 DesignModeler 和 SpaceClaim Direct Modeler，如果选择后者，则需要 SpaceClaim 软件的支持，这在后面会有介绍。

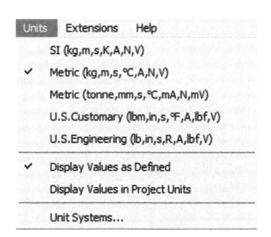

图 1-20　Geometry Import 选项卡　　　　　图 1-21　Units 菜单

这里仅对 Workbench 16.0 平台上一些与建模及分析相关且常用的选项卡进行简单介绍，其余选项卡请读者参考帮助文档的相关内容。

4. Units 菜单

Units 菜单如图 1-21 所示,在此菜单中可以设置国际单位、米制单位、美制单位及用户自定义单位。单击"Unit Systems…"(单位设置系统),在弹出的图 1-22 所示的 Unit Systems 对话框中可以制定用户喜欢的单位格式。

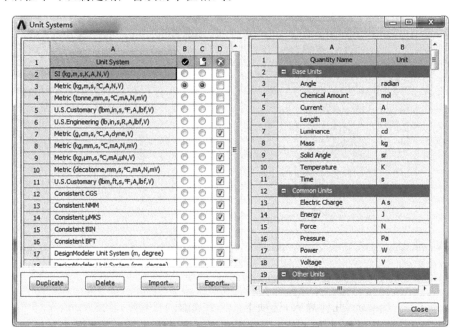

图 1-22　Unit Systems 对话框

5. Extensions 菜单

Extensions 菜单如图 1-23 和图 1-24 所示,在此菜单中可以添加 ACT(客户化应用工具套件),这里不做详述,请读者自己参考相关内容。

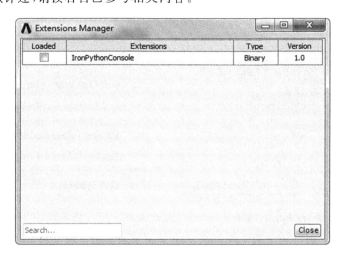

图 1-23　Extensions 菜单(1)

图 1-24　Extensions 菜单(2)

6. Help 菜单

在 Help 菜单中,软件可以实时为用户提供软件操作和理论上的帮助。

1.2.3　工具栏

Workbench 16.0 平台的工具栏如图 1-25 所示,该命令已经在前面介绍过,这里不再详述。

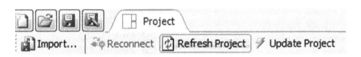

图 1-25　工具栏

1.2.4　工具箱

Toolbox(工具箱)位于 Workbench 16.0 平台的左侧,如图 1-26 所示。Toolbox 中包括五个分析模块,下面对这五个模块及其内容做简要介绍。

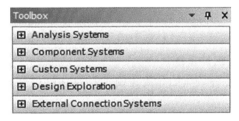

图 1-26　工具箱

1. Analysis Systems(分析系统)

分析系统包括不同的分析类型,如静力分析、热分析、流体分析等,同时模块中也包括用不同的求解器求解相同分析的类型,如静力分析中包括用 ANSYS 求解器分析和用 Samcef

求解器分析两种。图 1-27 所示为分析系统中所包含的分析模块。

注：在 Analysis Systems(分析系统)中需要单独安装的分析模块有 Maxwell2D(二维电磁场分析模块)、Maxwell3D(三维电磁场分析模块)、RMxprt(电机分析模块)、Simplorer(多领域系统分析模块)及 nCode(疲劳分析模块)。读者可以自行选择安装需要的模块。

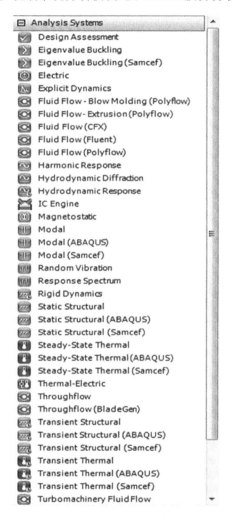 

图 1-27　Analysis Systems(分析系统)　　图 1-28　Component Systems(组件系统)

2. Component Systems(组件系统)

组件系统包括应用于各种领域的几何建模工具及性能评估工具，组件系统包括的模块如图 1-28 所示。

注：组件系统中的 ACP 复合材料建模模块需要单独安装。

3. Custom Systems(用户自定义系统)

用户自定义系统除了有软件默认的几个多物理场耦合分析工具外，Workbench 16.0 平台还允许用户自己定义常用的多物理场耦合分析模块，如图 1-29 所示。

4. Design Exploration(设计优化)

设计优化模块中允许用户使用四种工具对零件产品的目标值进行优化设计和分析,如图 1-30 所示。

5. External Connection Systems(外部连接系统)

这个是 Workbench 16.0 新增的功能,主要用于二次开发等,如图 1-31 所示。

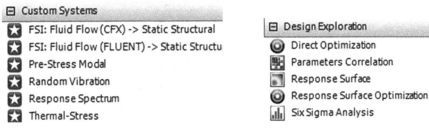

图 1-29　Custom Systems(用户自定义系统)　　图 1-30　Design Exploration(设计优化)

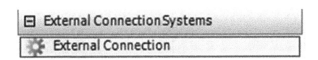

图 1-31　External Connection Systems(外部连接系统)

1.3　Workbench 16.0 流程演练

下面用一系列简单的操作来说明如何在用户自定义系统中建立用户自己的分析模块。

(1)启动 Workbench 16.0 后,单击左侧“Toolbox”(工具箱)→“Analysis Systems”(分析系统)中的“Fluid Flow(Fluent)”模块不放,直接拖拽到“Project Schematic”(项目管理窗口)中,如图 1-32 所示,此时会在“Project Schematic”(项目管理窗口)中生成一个如 Excel 表格一样的 Fluid Flow(Fluent)分析流程表。

Fluent 分析流程表显示了执行 Fluent 流体分析的工作流程,其中每个单元格命令代表一个分析流程步骤。根据 Fluent 分析流程表从上往下执行每个单元格命令,就可以完成流体的数值模拟工作,具体流程如下。

A2:Geometry——得到模型几何数据。

A3:Mesh——进行网格的控制与剖分。

A4:Setup——进行边界条件的设定与载荷的施加。

A5:Solution——进行分析计算。

A6:Result——进行后处理显示,包括流体流速、压力等结果。

(2)双击“Analysis Systems”(分析系统)中的“Static Structural”(静态结构)分析模块,此时会在“Project Schematic”(项目管理窗口)中的项目 A 下面生成项目 B,如图 1-33 所示。

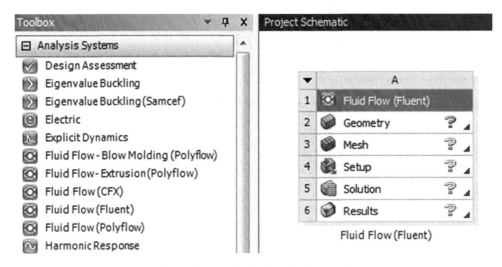

图 1-32　Fluid Flow(Fluent)分析流程表

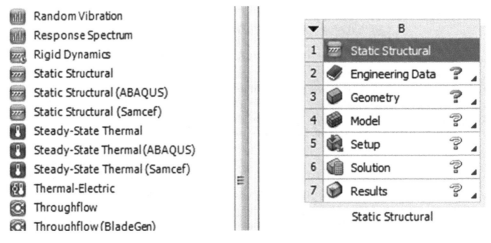

图 1-33　Static Structural(静态结构)分析模块

(3)双击"Component Systems"(组件系统)中的"System Coupling"(系统耦合)模块,此时会在"Project Schematic"(项目管理窗口)中的项目 B 下生成项目 C,如图 1-34 所示。

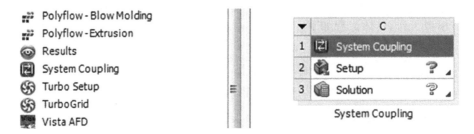

图 1-34　System Coupling(系统耦合)模块

(4)创建好三个项目后,单击 A2 栏的"Geometry"不放,直接拖拽到 B3 栏的"Geometry"中,如图 1-35 所示。

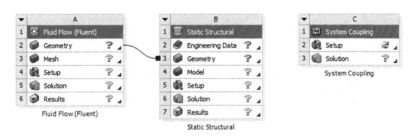

图 1-35　几何数据共享

（5）同样，将 B5 栏的"Setup"拖拽到 C2 栏的"Setup"，将 A4 栏的"Setup"拖拽到 C2 栏的"Setup"，操作完成后项目连接形式如图 1-36 所示，此时在项目 A 和项目 B 中的"Solution"前面的图标变成了 ，即实现了工程数据传递。

注：在工程分析流程图表之间如果存在 （一端是小正方形），表示数据共享；如果工程分析流程图表之间存在 （一端是小圆点），表示实现了数据传递。

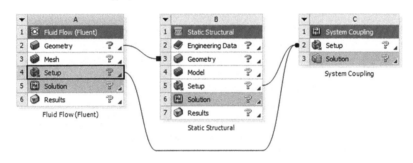

图 1-36　工程数据共享

（6）在 Workbench 16.0 平台的"Project Schematic"（项目管理窗口）中单击鼠标右键，在弹出的如图 1-37 所示的快捷菜单中选择"Add to Custom"（添加到用户）命令。

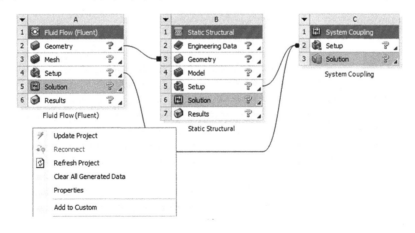

图 1-37　快捷菜单

（7）在弹出的如图 1-38 所示的 Add Project Template（添加工程模板）对话框中输入名字"project"并单击"OK"。

图1-38　Add Project Template(添加工程模板)对话框

(8)完成用户自定义的分析模板添加后,单击 Workbench 16.0 左侧的"Toolbox"中"Custom Systems"前面的"+"号,如图1-39所示。刚才定义的分析模板已被成功添加到"Custom Systems"里。

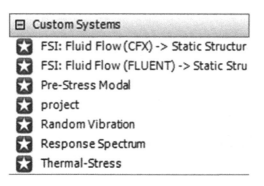

图1-39　用户自定义的分析流程模板

(9)单击 Workbench 16.0 平台"File"菜单中的"New"命令,新建立一个空项目管理窗口,然后双击"Toolbox"中"Custom Systems"→"project"模板,此时"Project Schematic"中将出现如图1-40所示的分析流程。

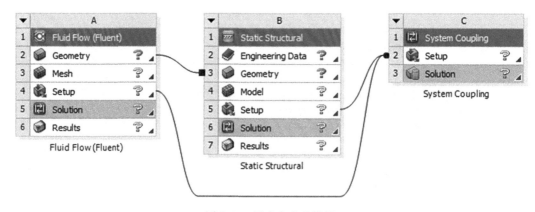

图1-40　用户定义的模板

分析流程图表模板建立完成后,要想进行分析还需添加几何文件及边界条件等,后续章节将做介绍。

ANSYS Workbench 16.0 安装完成后,系统自动创建了部分用户自定义系统。

1.4　本章小结

　　本章首先对 ANSYS Workbench 及其特点进行了初步介绍，接着对 Workbench 16.0 的启动和主界面等进行了详细的讲解，包括菜单栏、工具栏及工具箱的常用命令等，最后给出了一个流程演练，将前面介绍的内容应用到实际中，以便读者更好地了解 Workbench 16.0 的分析流程，为后续章节的学习打下基础。

第2章 几何建模

2.1 几何建模概论

有限元分析是针对特定的模型而进行的,因此,用户必须建立一个有物理原型的准确数学模型。通过几何建模,可以描述模型的几何边界,为之后的网格划分和施加载荷建立模型基础,因此它是整个有限元分析的基础。

ANSYS Workbench 16.0 所用到的几何模型既可以通过其他的 CAD 软件导入,也可以采用 ANSYS Workbench 16.0 集成的 DesignModeler 平台进行几何建模。本章将着重介绍如何在 DesignModeler 中建立几何模型。

2.2 认识 DesignModeler

DesignModeler(本书后面将其简称为 DM)是 ANSYS Workbench 16.0 集成的几何建模平台,DM 类似于其他的 CAD 建模工具,不同的是它主要为 FEM 服务,因此具备了一些其他 CAD 软件不具备的功能,如 Beam Modeling(梁模型)、Spot Welds(点焊设置)、Enclosure Operation(包围体操作)、Fill Operation(填充操作)等。

在进行基本建模操作之前,先来认识一下 DM 的基本操作。

2.2.1 进入 DesignModeler

在 ANSYS Workbench 16.0 主界面的项目管理区中双击"Geometry"(几何体),即可进入 DM,初次进入后会弹出如图 2-1 所示的 DM 主界面。

在菜单栏的"Units"命令中选择需要的单位之后即可选择相应的单位制,如图 2-2 所示。

通常情况下可根据绘图需要选择"Millimeter"(毫米),同时选中"Always use project unit"(总采用项目单位)复选框,这样建模过程中单位不再更改。

在 DM 中几何建模通常是由 CAD 几何体开始的,有如图 2-3 所示的两种方式。

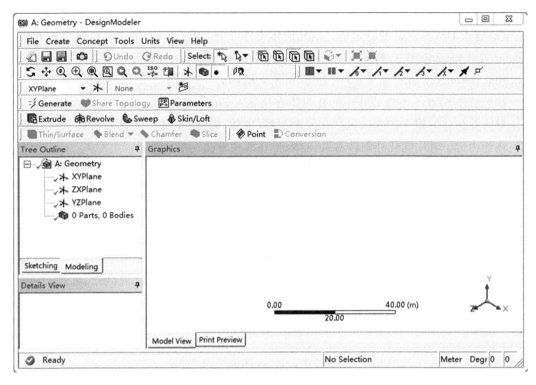

图 2-1 DM 主界面

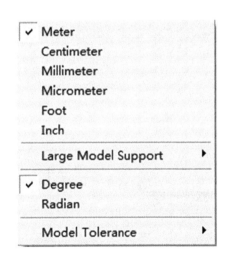

图 2-2 选择单位

图 2-3 进入 DM 建模方式

(1)从外部 CAD 系统(Pro/Engineer、SolidWorks 等)中探测并导入当前的 CAD 文件,该导入方式为 Plug-in 模式(双向模式),具体方法为:在 DM 中选择菜单栏中的"File"(文件)→"Attach to Active CAD Geometry"命令(从外部 CAD 系统中导入 CAD 几何体)。

注意:当外部系统是开启状态时,则 DM 与 CAD 之间会存在关联性。

(2)导入 DM 所支持的特定格式的几何体文件(Parasolid、SAT 格式等),该导入方式为 Reader 模式(只读模式),具体方法为:在 DM 中选择菜单栏中的"File"(文件)→"Import External Geometry File"命令(导入外部几何体文件)。

注意:ANSYS 不能将 DM 中的几何体直接导入 Simulation 中。

导入几何体时输入的选项包括几何体类型(实体、表面、全部)、简化几何体、校验/修复几何体等内容。其中简化几何体有几何体、拓扑两种方法。

几何体:如有可能,将 NURBS 几何体转换为解析的几何体。

拓扑:合并重叠的实体。

2.2.2 DesignModeler **的操作界面**

图 2-4 所示为 DM 的典型操作界面,实际上它与当前流行的三维 CAD 软件类似,其操作方式也类似。DM 操作界面从上到下依次为菜单栏、工具栏、设计树、模式标签、参数列表,以及绘制模型的图形窗口。

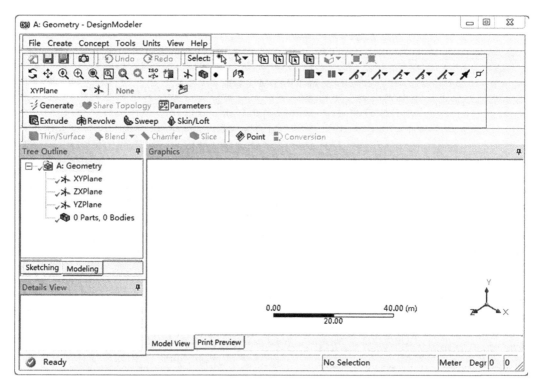

图 2-4 DM 操作界面

其中设计树提供了用户在设计时的设计步骤,将设计思路保留在设计树中,可方便用户的查阅与修改。参数列表提供的是建模时所用到的相关参数,通过相关参数的修改可以对模型进行控制。

1. 菜单栏

如同其他 CAD 软件,DM 的主要功能均集中在各项主菜单中,包括 File(文件)、Create(造型)、Tools(工具)等内容。

(1)File(文件):该菜单包含了基本的文件操作命令,主要有文件的输入、输出、保存以及脚本的运行等命令。

(2)Create(造型):该菜单包含了创建 3D 图形和修改图形的工具命令,如拉伸、布尔运算、倒角等。

(3)Concept(概念):该菜单包含了修改线和曲面体的工具。

(4)Tools(工具):该菜单包含整体建模、参数管理、定制用户程序等操作命令。

(5)View(视图):该菜单包含了用来修改显示设置的菜单命令。

(6)Help(帮助):利用该菜单,可以获取 DM 的相关帮助信息,在实际应用中随时可以调用。

2. 工具栏

为了方便操作,DM 将一些常见的功能以工具栏的形式组合在一起,放置在菜单栏的下方。常用的工具栏如图 2-5 所示,图中从上到下依次为文件操作工具栏、图形选取过滤器工具栏、图形显示控制工具栏、平面/草图控制工具栏和几何建模工具栏。

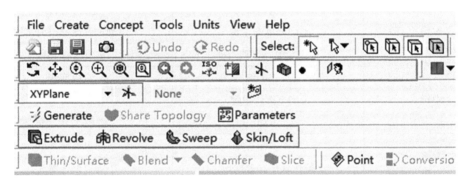

图 2-5　常用的工具栏

(1)文件操作工具栏:该工具栏包含了常用的 DM 应用命令,有新建、保存、输出等命令,方便用户操作。

(2)图形选取过滤器工具栏:该工具栏主要用来控制图形的选取,包括点、线、面、体的选取等,方便在绘图时选取对象。

(3)图形显示控制工具栏:该工具栏的命令可以用来激活鼠标视角的控制,通过放大、缩小、移动、全局等来控制图形的显示效果。

(4)平面/草图控制工具栏:该工具栏的命令可以用来选择草图绘制的基准面,并可以定义草图名称。

(5)几何建模工具栏:该工具栏的命令可以用于 3D 界面的各种运算,包括拉伸、旋转、扫描、蒙皮等操作,以生成 3D 几何体。

3. 设计树

如同其他的 3D 设计软件,设计树区域中显示的内容与建模的逻辑相匹配,建模的整个过程可以显示在设计树的相关分支中,以方便查阅与修改。

4. 模式标签

模式标签用来进行草图与模型间的切换。草图与模型是在不同的图形编辑环境下进行的。

5. 参数列表

参数列表中显示的是绘图命令的详细信息,通过参数列表可以定义相应的尺寸值等内容。

6. 图形窗口

图形窗口用来显示图形的绘制结果,在图形窗口中可以直接预览图形的最终效果。

2.2.3 DesignModeler 的鼠标操作

在 DM 建模中,鼠标操作是必不可少的,通常用户用的均为三键鼠标,三键鼠标的操作方式及功能如表 2-1 所示。

表 2-1　DM 中的鼠标操作方式及功能

鼠 标 按 键	配 合 应 用	功　　能
左键	单击鼠标左键	选择几何体
	Ctrl＋单击左键	添加或移除选定的实体
	按住左键＋拖动光标	连续选择实体
中键	按住中键	自由旋转
	Ctrl＋按住中键	拖动实体
	滚动	缩小/放大实体
右键	单击鼠标右键	弹出快捷菜单
	按住鼠标右键框选	窗口框选缩放

2.2.4 图形选取与控制

在建模时常会要求模型的起始位置位于某个面或者边上,因此需要选择该面或者边进行操作,这时就要求进行图形选取过滤操作。例如,在图形选取过滤器工具栏中选择面,此时在选择操作时就只能选择面。

图形选取过滤是通过图形选取过滤器工具栏实现的,通过激活一个选取过滤器可以控制特性选取,图形选取过滤器工具栏如图 2-6 所示。

图 2-6　图形选取过滤器工具栏

为了更为方便地观察窗口中的视图,DM 提供了图形显示控制工具栏来控制图形的显示,图形显示控制工具栏如图 2-7 所示,使用时需要与鼠标配合。

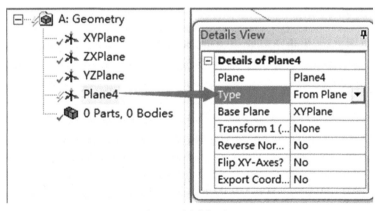

图 2-7 图形显示控制工具栏

2.2.5 DM 几何体

在 ANSYS Workbench 16.0 中,DM 几何体建模主要包含以下四个基本方面。

(1)草图模式:包括创建二维几何体工具,这些二维几何体为 3D 几何体的创建和概念建模做准备。

(2)3D 几何体:对草图进行拉伸、旋转、表面建模等操作后得到的几何体。

(3)几何体输入:直接将外部 CAD 模型导入 DM 并对其进行修补,使之适应有限元网格划分。

(4)概念建模:用于创建、修补直线和表面实体,使之能应用于创建梁和壳体的有限元模型。

DM 几何体建模方式将在后面的章节中逐一展开并介绍。

2.3 DesignModeler 草图模式

DM 草图是在平面上创建的,通常一个 DM 交互对话在全局直角坐标系原点中有三个默认的正交平面(XY,ZX,YZ)可以选为草图的绘制平面,还可以根据需要创建任意多的工作平面。草图的绘制过程大致可分为以下两个步骤。

(1)定义绘制草图的平面。除全局坐标系的三个默认的正交平面外,还可以根据需要定义原点和方位,或通过使用现有几何体做参照平面来创建和放置新的草绘工作平面。

(2)在所希望的平面上绘制或识别草图。

2.3.1 创建新平面

新平面(new plane)的创建是通过单击平面/草图控制工具栏中的"New Plane"按钮来创建的。创建新平面后,树形目录中会显示新平面对象,如图 2-8 所示,此时即可在平面中绘制草图。

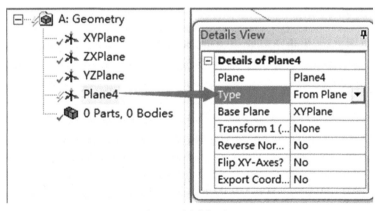

图 2-8 创建新平面

在平面参数设置栏中,构建平面的 6 种类型如下。

(1)From Plane:基于另一个已有平面创建平面。

(2)From Face:从体的表面创建平面。

(3)From Point and Edge:通过一点和一条直线的边界定义平面。

(4)From Point and Normal:通过一点和一条边界方向的法线定义平面。

(5)From Three Points:通过三点定义平面。

(6)From Coordinates:通过键入距离原点的坐标和法线定义平面。

2.3.2 创建新草图

新草图(new sketch)的创建是在激活平面上,通过单击平面/草图控制工具栏中的"New Sketch"按钮来完成的。

新草图创建后放在树形目录中,且在相关平面的下方,如图 2-9 所示。

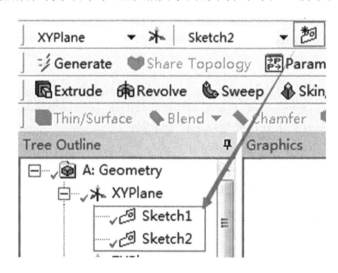

图 2-9 创建新草图

2.3.3 草图模式

选择了新草图之后,单击工具箱下方的"Sketching",即可进入草图绘制界面。在草图模式中,工具箱中包括了一系列面板,如图 2-10 所示,图中给出了 Draw(绘图)、Modify(修改)、Dimensions(尺寸)三个面板,没有给出 Constraints(约束)及 Settings(设置)面板。

注意:当创建或改变平面和草图时,单击图形显示控制工具栏中的"Look At Face/Plane/Sketch"按钮时可以立即改变视图方向,使该平面、草图或选定的实体与视线垂直。

ANSYS Workbench 16.0 的草图绘制模式与 AutoCAD、SolidWorks 等 CAD 工具类似,绘制方法也类似,这里不再赘述,请参考相关学习资料。在本章后面的实例中根据实例操作即可快速掌握相关命令。

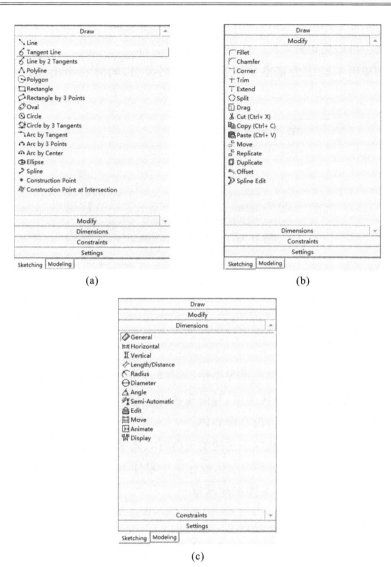

图 2-10　草图工具中的相关面板

(a)绘图面板；(b)修改面板；(c)尺寸面板

2.3.4　草图援引

草图援引(insert sketch instance)是用来复制源草图并将其加入目标面中的一种草绘方法。复制的草图和源草图始终保持一致，也就是说复制对象随着源对象的更新而更新。

在草图平面上单击鼠标右键，在弹出的快捷菜单中选择"Insert Sketch Instance"命令，然后在参数列表中设置 Base Sketch 等参数即可创建草图援引，如图 2-11 所示。

草图援引具有以下特性。

(1)草图援引中的边界是固定的，不能通过草图进行移动、编辑或删除等操作。

（2）草图在基准草图中改变时，援引草图也会随之被更新。

（3）草图援引可以像正常草图一样用于生成其他特征。

注意：草图援引不能作为基准草图被其他草图援引，同时它不出现在草图的下拉菜单中。

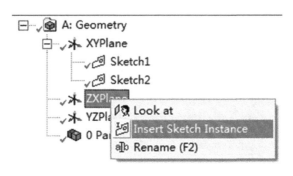

图 2-11　创建草图援引

2.4　创建 3D 几何体

对草图进行拉伸、旋转或表面建模等操作后得到的几何体称为 3D 几何体。DM 中包括实体、表面体、线体等三种不同的体类型，其中实体由表面和体组成，表面体由表面（但没有体）组成，线体则完全由边线组成，没有面和体。

注意：体在特征树中的图标取决于它的类型（实体、表面体或线体）。

在默认情况下，DM 会自动将每一个体放在一个零件中。单个零件一般独自划分网格，其上的多个体可以在共享面上划分匹配的网格。

2.4.1　创建 3D 特征

3D 特征操作通常是指由 2D 草图生成 3D 几何体。常见的特征操作包括 Extrude（拉伸）、Revolve（旋转）、Sweep（扫描）、Skin/Loft（蒙皮/放样）、抽面等，如图 2-12 所示。

图 2-12　常见特征操作

DM 生成 3D 几何体的过程与其他的 CAD 软件的建模过程类似，对于常规的 3D 操作，如拉伸、旋转、扫描等操作这里不再赘述。

在 DM 中创建 3D 几何体的一些高级操作集成在 DM 的 Create（创造）及 Tools（工具）菜单命令中，图 2-13 所示的是 DM 中创建 3D 几何体的高级操作命令。

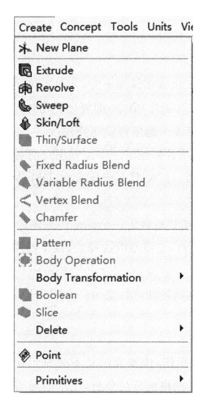

图 2-13　DM 中创建 3D 几何体的高级操作命令

2.4.2　激活体和冻结体

在默认状态下,DM 会将新的几何体与已有的几何体合并来保持单个体。通过激活或冻结可以控制几何体的合并。在 DM 中存在 Active(激活)及 Freeze(冻结)两种状态的体。

1. 激活体

体默认为激活状态,在该状态下体可以进行常规的建模操作,如布尔操作等,但不能被切片(slice),激活体在特征树形目录中显示为蓝色。切片操作是 DM 的特色之一,它主要是为网格划分中划分规则的六面体服务的。

2. 冻结体

冻结体的目的是为仿真装配建模提供一种不同选择的方式。由于建模中的操作除切片外均不能用于冻结体,因此可以说冻结体是专门为体进行切片设置的。对于一些不规则的几何体首先要进行冻结,然后对其进行切片操作,将其切成规则的几何体后即可划分出高质量的六面体网格。

执行菜单栏中的"Tools"(工具)→"Freeze"(冻结)操作时,选择的体将被冻结,冻结体在树形目录中显示成灰色。

当选取冻结体后执行"Tools"(工具)→"Unfreeze"(解除冻结)操作时,可以激活被冻结的体。

2.4.3 切片特征

在 DM 中,只有当模型完全由冻结体组成时,才可以使用切片。模型冻结后,选择菜单栏中的"Create"(创建)→"Slice"(切片)命令,即可创建切片。

使用切片时,参数列表中有 5 个选项可供选择。

(1)Slice by Plane(用平面切片):选定一个面并用此面对模型进行切片操作。

(2)Slice Off Faces(切掉面):在模型中选择表面,DM 将这些表面切开,然后就可以用这些切开的面创建一个分离体。

(3)Slice by Surface(用面切片):选定一个面来切分体。

(4)Slice Off Edges(切掉边):在模型中选择边,DM 将这些边切开,然后就可以用这些切开的边创建一个分离体。

(5)Slice By Edge Loop(用边环切片):选定一个闭环的边来切分体。

2.4.4 抑制体

抑制体是 DM 特有的一种操作,体被抑制后不会显示在图形窗口中,抑制体既不能送到其他 Workbench 模块中用于网格划分与分析,也不能导出为 Parasolid(.x_t)或 ANSYS Neutral 文件(.anf)格式。

如图 2-14 所示,在设计树中选择体并单击鼠标右键,在弹出的快捷菜单中选择"Suppress"(抑制体)命令,即可将选择的体抑制。

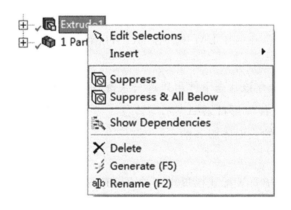

图 2-14 抑制体执行命令

解除抑制的方法与抑制体的方法相同,首先选择需要解除抑制的体,然后单击鼠标右键,在弹出的快捷菜单中选择"Unsuppress"(解除抑制体)命令,即可将选择的被抑制的体解除抑制。

2.4.5　面印记

面印记(imprint faces)与切片操作类似,是 DM 操作的特色功能之一。面印记仅用来分割体上的面,根据需要也可以在边线上增加印记(但不创建新体)。

具体来讲表面印记可以用来在面上划分出适用于施加载荷或约束的位置,如在体的某个面的局部位置添加载荷,此时就需要在施加载荷的位置采用面印记功能添加面印记。

添加面印记的操作步骤如下。

(1)单击图形选取过滤器工具栏中的选择面按钮,然后在体上选择一个需要添加面印记的面,如图 2-15 所示。

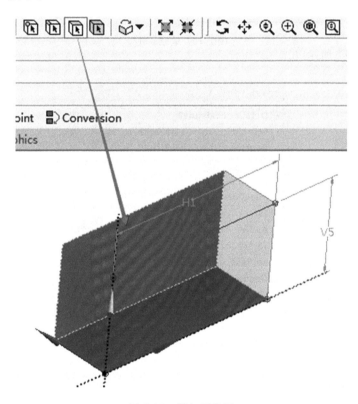

图 2-15　添加面印记

(2)将模式标签切换到 Sketching(草图)模式,单击图形显示控制工具栏中的正视放大按钮。

(3)单击 Draw(绘图)面板中的"Rectangle"(矩形)按钮,在图形中绘制矩形,单击 Dimensions(尺寸)面板中的"General"(基本尺寸)按钮,标注绘制的矩形尺寸,并在参数列表中修改矩形的尺寸为 5 m,绘制成一个矩形,如图 2-16 所示。

(4)将模式标签切换回 Modeling(模型)模式,单击几何体建模工具栏中的"Extrude"(拉伸)按钮,在参数列表栏中的"Operation"选项的下拉列表中选择"Imprint Faces"(面印

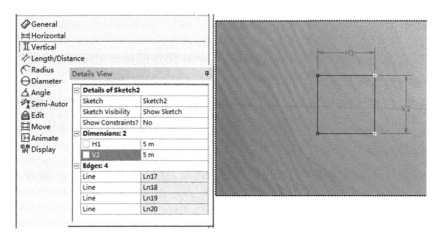

图 2-16 绘制矩形

记)选项,如图 2-17 所示。

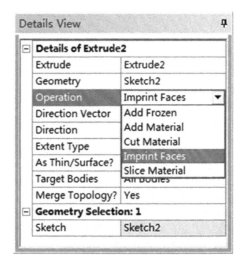

图 2-17 设置选项

(5)单击工具栏中的"Generate"(生成)按钮,此时即可生成表面印记,如图 2-18 所示。

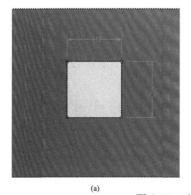

(a)

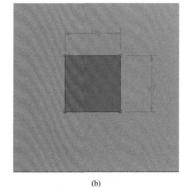

(b)

图 2-18 生成表面印记

(a)选中原面;(b)生成的面印记

2.4.6　填充与包围操作

填充(fill)与包围(enclosure)操作主要是为计算流体力学(CFD)及电磁场(EMAG)服务的。

1. 填充(fill)

填充是指创建填充体内部空隙(如孔洞)的冻结体,该操作对激活或冻结体均可应用。填充仅对实体进行操作,通常用于在 CFD 中创建流动区域或在 EMAG 中创建磁场感应区域。

执行菜单栏中的"Tools"(工具)→"Fill"(填充)命令,即可进行填充操作,通常有 By Cavity(通过孔洞)及 By Caps(通过覆盖)两种填充方法,如图 2-19 所示。

2. 包围(enclosure)

包围指的是在体附近创建周围区域以便模拟场区域(CFD、EMAG 等)。执行菜单栏中的"Tools"(工具)→"Enclosure"(包围)命令,即可进行包围操作,如图 2-20 所示。

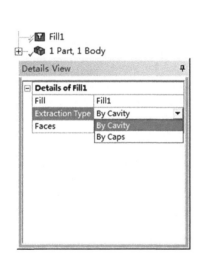

图 2-19　填充命令

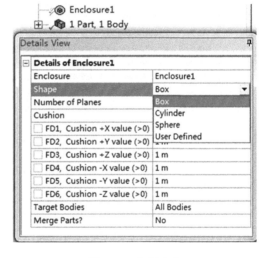

图 2-20　包围命令

包围可以采用 Box、Sphere、Cylinder 或者 User Defined(自定义)的形状进行包围,如图 2-21 所示。

注意:包围操作可以对所有的体或者选中的体,允许自动创建多体部件,并可确保原始部件和场域在网格划分时节点匹配。

2.4.7　创建多体部件体

在 ANSYS Workbench 16.0 中,部件是体的载体,默认情况下 DM 将每一个体自动放入部件中。在 DM 中可以将多个体置于部件中构成复合体——多体部件体(multi-body

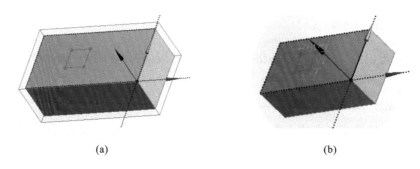

(a)   (b)

图 2-21   创建包围

(a)选择 Box 包围；(b)选择 Sphere 包围

parts)，此时它们共享拓扑，即离散网格在共享面上匹配。

新部件的构成通常是先在图形屏幕中选定两个或多个体，然后执行菜单栏中的"Tools"（工具）→"Form New Part"（构成新部件）命令，如图 2-22 所示。

图 2-22   Form New Part 菜单命令

注意：如果要选择所有的体，可以在图形窗口中单击鼠标右键，在弹出的快捷菜单中选择"Select All"（选择所有）命令。

多个体、多个部件时，每个实体都能独立地进行网格划分，但是节点不能共享，对应的节点没有连续性。

多个体通过布尔操作组成一个部件时，具有以下特点。

（1）几个实体共同作为一个实体进行网格划分，无法真实地模拟实际情况。

（2）由于多个体之间没有接触区，网格划分后没有内部表面。

（3）组成一个部件后，所有的部件只能采用一种材料，对于多种材料的部件不适用。

多个体共同组成多体部件时,具有以下特点。

(1)每一个实体都独立划分网格,实体间的节点连续性被保留。

(2)同一个多体部件可以由不同的材料组成。

(3)实体间的节点能够共享且没有接触。

2.5　导入外部 CAD 文件

虽然大部分用户不熟悉 DM 的建模命令,但至少能熟练精通其他任一种 CAD 建模软件,在使用 ANSYS Workbench 16.0 时,用户可以在自己精通的 CAD 软件系统中创建新的模型,再将其导入 DM 中。

DM 与当前流行的主流 CAD 软件均能兼容,并能与其协同建模,它不仅能读入外部 CAD 模型,还能嵌入主流 CAD 系统中。

2.5.1　非关联性导入文件

在 DM 中,选择菜单栏中的"File"(文件)→"Import External Geometry File"(导入外部几何体文件)命令,即可导入外部几何体。采用该方法导入的几何体与原先的外部几何体不存在关联性。

DM 支持导入的第三方模型格式有:ACIS(SAT)、CADNexus/CATIA、IGES、Parasolid、STEP 等。

注意:DM 不仅能够从外部导入几何体,同时它也能向外输出几何体模型,其命令为"File"(文件)→"Export"(导出)。

2.5.2　关联性导入文件

在 DM 中建立与其他 CAD 建模软件的关联性,即实现二者之间的互相刷新、协同建模,可以提高有限元分析的效率。这就需要将 DM 嵌入到主流的 CAD 软件系统中,若当前 CAD 已经打开,在 DM 中输入 CAD 模型后,它们之间将保持双向刷新功能。参数采用的默认格式为 DS_XX36 形式。

目前 DM 支持协同建模的 CAD 软件有:Autodesk Inventor、CoCreate Modeling、Mechanical Desktop、Pro/Engineer、Solid Edge、SolidWorks、UG NX 等。

2.5.3　导入定位

在 DM 中,CAD 几何模型的导入和关联都是有基准面属性的,导入和关联时需要指定模型的参考面(方向)。在导入操作前,需要从树状视图或者平面下拉列表中选择平面作为参考面。当进行新的导入或关联操作时,激活平面为默认的基准平面。

2.5.4 创建场域几何体

在导入 CAD 文件时,多数情况下导入的是实体模型,在特殊情况下,可能会对实体部件周围或者所包含的区域感兴趣(如流体区域),这样就可以通过对实体部件进行"Taking the Negative"操作创建相应的流体区域。

通常创建场域几何体有包围(enclosure)与填充(fill)两种方法,这在 2.4 节中已经介绍,这里不再赘述。

2.6 概念建模

概念建模(concept)用于创建、修改线体和面体,并将其变为有限元的梁或板壳模型,可以采用下面的两种方式进行概念建模。

(1)利用绘图工具箱中的特征创建线或表面体,用来设计 2D 草图或生成 3D 模型。

(2)通过导入外部几何体文件特征直接创建模型。

注意:DM 目前只能识别由 CAD 软件导入的部件实体和面体,无法识别线体,因而 Workbench 中只能在 DM 中通过概念建模生成线体模型。

DM 中概念建模是在主菜单中提供的,如图 2-23 所示。

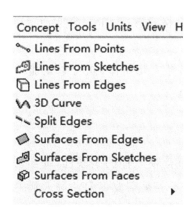

图 2-23　概念建模菜单

利用概念建模工具可以创建线体,包括 Lines From Points(从点生成线体)、Lines From Sketches(从草图生成线体)、Lines From Edges(从边生成线体)等;也可以创建面体,包括 Surfaces From Edges(从线生成面体)、Surfaces From Sketches(从草图生成面体)、Surfaces From Faces(从面生成面体)等。

2.6.1 从点生成线体

在 DM 中可以从点直接生成线体,这些点可以是任何 2D 草图点和 3D 模型顶点。

从点生成线体命令中点分段(point segments)通常是一条连接两个选定点的直线。该特征可以产生多个线体,主要由所选点分段的连接性质决定。操作域(operation)允许在线体中选择添加材料(add material)或选择添加冻结(add frozen),如图 2-24 所示。

Details View

Details of Line1	
Lines From Points	Line1
Point Segments	0
Operation	Add Material

图 2-24　从点生成线体

2.6.2　从草图生成线体

从草图生成线体是基于草图和从表面得到的平面创建线体,多个草图、面以及草图与平面的组合,均可作为基准对象来创建线体。

创建时首先在草图中完成 2D 图,然后在特征树形目录中选择创建好的草图或平面,最后在详细列表窗口中单击"Apply"按钮即可,如图 2-25 所示。

Details View

Details of Line2	
Lines From Sketches	Line2
Base Objects	1 Sketch
Operation	Add Material

图 2-25　从草图生成线体

2.6.3　从边生成线体

从边生成线体是基于已有的 2D 和 3D 模型边界创建线体,根据所选边和面的关联性质可以创建多个线体。该特征适用于从外部导入的 CAD 几何体及 DM 自身创建的几何体。

创建时首先选择边或面,然后在详细列表窗口中单击"Apply"按钮即可创建线体。

2.6.4　定义横截面

通常情况下,梁单元需要定义一个横截面(cross section),在 DM 中横截面是作为一种属性赋给线体,这样就可以在有限元仿真中定义梁的属性。如图 2-26 所示为 DM 中自带的横截面,它是通过一组尺寸来控制横截面形状的。

横截面创建好之后,需要将其赋给线体,具体操作为:在树形目录中点亮线体,此时横截

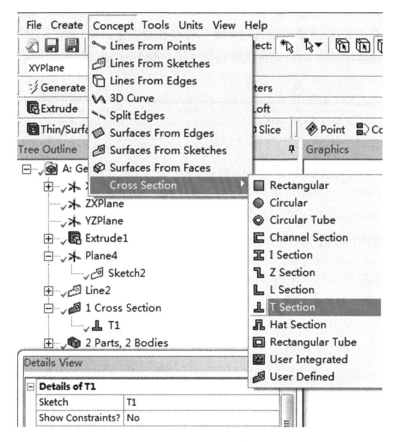

图 2-26 DM 中自带的横截面

面的属性出现在详细列表窗口中,在"Cross Section"的下拉列表中选择需要的横截面,如图 2-27 所示。

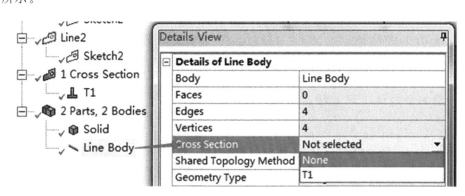

图 2-27 选取横截面

1. 自行定义集成的横截面

在 DM 中可以自行定义集成的横截面,此时无须画出横截面,只需在详细列表窗口中填写截面的属性即可,如图 2-28 所示。

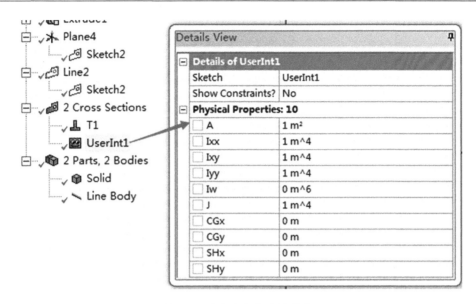

图 2-28 自行定义集成的横截面

详细列表窗口中的 Physical Properties(物理特性)下主要参数的含义如表 2-2 所示。

表 2-2 物理参数的含义

参数	含义	参数	含义
A	截面面积	J	扭转常量
Ixx	X 轴的转动惯量	CGx	质心的 X 坐标
Ixy	惯性积	CGy	质心的 Y 坐标
Iyy	Y 轴的转动惯量	SHx	剪切中心的 X 坐标
Iw	翘曲常量	SHy	剪切中心的 Y 坐标

2. 创建已定义的横截面

在 DM 中也可以创建用户已定义的横截面,此时无须画出横截面,只需基于已定义的闭合草图来创建截面的属性。创建用户已定义的横截面的步骤如下。

(1)选择菜单栏中的"Concept"(概念)→"Cross Section"(横截面)→"User Defined"(用户定义)命令,此时在树形目录中会多一个空的横截面草图,如图 2-29 所示。

(2)单击"Sketching"(草绘)标签绘制所要的草图,绘制的草图要求是闭合的。

(3)返回到"Modeling"(模型)标签下,单击"Generate"(生成)按钮,即可生成横截面。此时 DM 会计算出横截面的属性并在细节窗口中列出,这些属性不能更改。

3. 对齐横截面

在 DM 中,横截面默认的对齐方式是全局坐标系的＋Y 方向,若该方向会导致非法的对齐时,系统将会使用＋Z 方向。

注意:在经典 ANSYS 环境下,横截面位于 YZ 平面中,用 X 方向作为切线方向,实际上

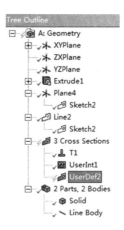

图 2-29　用户定义横截面

这种定位差异对分析结果并没有影响。

在 ANSYS Workbench 16.0 中,线体横截面颜色的含义如表 2-3 所示。

表 2-3　线体横截面颜色的含义

线体横截面颜色	含　义
紫色	线体的截面属性未赋值
黑色	线体赋予了截面属性且对齐合法
红色	线体赋予了截面属性但对齐非法

4. 偏移横截面

将横截面赋给一个线体后,可以利用详细列表窗口中的属性指定横截面的偏移类型(offset type),主要有 Centroid(质心)、Shear Center(剪力中心)、Origin(原点)、User Defined(用户定义)等,如图 2-30 所示。

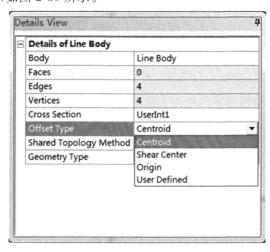

图 2-30　偏移横截面系数

（1）Centroid（质心）：该选项为默认选项，表示横截面中心和线体质心相重合。

（2）Shear Center（剪力中心）：表示横截面剪切中心和线体中心相重合，剪切中心和质心的图形显示看起来是一样的，但分析时使用的是剪切中心。

（3）Origin（原点）：横截面不偏移，按照其在草图中的样式放置。

（4）User Defined（用户定义）：用户通过指定横截面 X 方向和 Y 方向上的偏移量来定义偏移量。

2.6.5　从线生成面体

从线生成面体是指用线体边作为边界创建面体，线体边必须是没有交叉的闭合回路，每个闭合回路都创建一个冻结表面体，回路应该形成一个可以插入模型的简单表面形状。这些表面形状包括平面、圆柱面、圆环面、圆锥面、球面和简单扭曲面等。

选择菜单栏中的"Concept"（概念）→"Surfaces From Edges"（从线生成面体）命令，即可从线生成面体，如图 2-31 所示。

注意：无横截面属性的线体可以将表面模型连在一起，在此情况下线体仅仅起到确保表面边界有连续网格的作用。

2.6.6　从草图生成面体

从草图生成面体是指由草图作为边界创建面体，草图可以是单个或多个，但是草图必须不是自相交叉的闭合剖面。从草图生成面体的操作方法如图 2-32 所示。

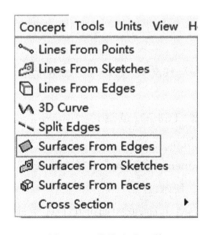

图 2-31　从线生成面体

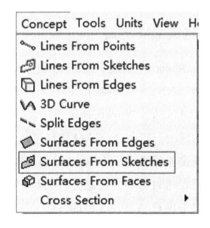

图 2-32　从草图生成面体

2.6.7　从面生成面体

从面生成面体是指由面直接创建面体，从面生成面体的操作方法如图 2-33 所示。

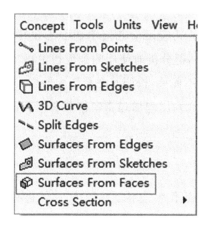

图 2-33　从面生成面体

2.7　几何建模实例

下面将通过创建某汽车油箱模型的建模实例,帮助读者学习如何在 DM 中创建草图,如何由草图生成几何体等。通过本节的学习,读者可以基本上掌握 ANSYS Workbench 16.0 中的建模方法。

注意:在后面章节的学习过程中将直接采用导入模型的建模方式,而不再单独对建模进行讲解。

2.7.1　进入 DM 界面

(1)在 Windows 系统下执行"开始"→"所有程序"→"ANSYS 16.0"→"Workbench 16.0"命令,启动 ANSYS Workbench 16.0 进入主界面。

(2)在 ANSYS Workbench 16.0 主界面中选择"Units"(单位)→"Metric(tonne,mm,s,℃,mA,N,mV)"命令,设置模型单位,如图 2-34 所示。

(3)双击主界面 Toolbox(工具箱)中的"Component Systems"→"Geometry"(几何体)选项,即可在项目管理区创建分析项目 A,如图 2-35 所示。

(4)双击项目 A 中 A2 栏的"Geometry",进入 DM 界面,此时即可在 DM 中创建模型。

2.7.2　绘制油箱箱体

1. 选择草绘平面

(1)在 DM 设计树中选择"XYPlane"(XY 平面),单击"Sketching"(草图)标签,进入草图绘制环境,即可在 XY 平面上绘制草图。

(2)单击图形显示控制工具栏中的正视放大按钮,如图 2-36 所示,使草图绘制平面正视

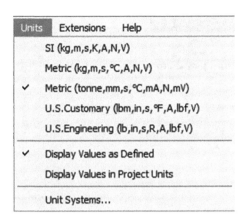

图 2-34　设置模型单位

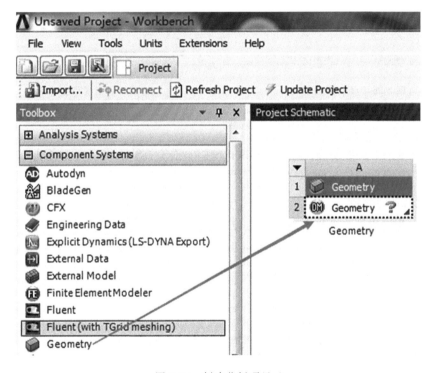

图 2-35　创建分析项目 A

前方,如图 2-37 所示。

注意:根据用户需要也可以自行创建草图绘制平面,而并非一定要在默认平面上绘制。

2. 绘制拉伸草图

(1)选择 Draw(绘图)面板中的"Rectangle"(矩形)命令,以坐标原点为一顶点绘制一个矩形。

(2)选择 Dimensions(尺寸)面板中的"General"(常规)命令,单击选择矩形的短边,尺寸参数为 H1,单击选择矩形的长边,尺寸参数为 V2。在参数列表中的 Dimensions 下修改 H1

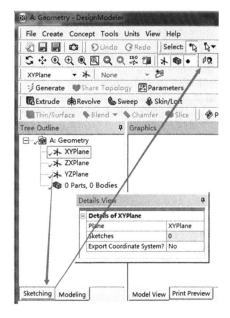

图 2-36　显示控制工具　　　　　　　　　　图 2-37　正视草绘平面

为 274 mm,修改 V2 为 344 mm。

(3)选择 Modify(修改)面板中的"Fillet"(圆角)命令,将 Radius 数据改为 47 mm,选择矩形的四个角进行倒角,如图 2-38 所示。

3.设置拉伸特性值

(1)单击几何建模工具栏中的"Extrude"(拉伸)按钮,在参数列表中设置"Base Object"为 Sketch1,设置"FD1,Depth"为 985 mm,设置"As Thin/Surface?"为 Yes,并设置"FD2,Inward Thickness"为 1 mm,"FD3,Outward Thickness"为 0 mm,如图 2-39 所示。

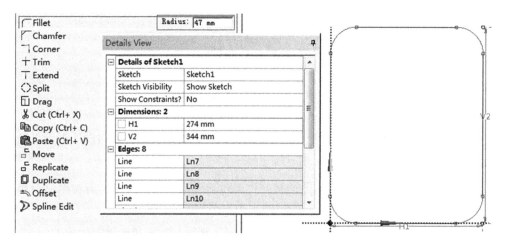

图 2-38　箱体截面图的绘制

Details View	📌
Details of Extrude1	
Extrude	Extrude1
Geometry	Sketch1
Operation	Add Material
Direction Vector	None (Normal)
Direction	Normal
Extent Type	Fixed
☐ FD1, Depth (>0)	985 mm
As Thin/Surface?	Yes
☐ FD2, Inward Thickness (>=0)	1 mm
☐ FD3, Outward Thickness (>=0)	0 mm
Merge Topology?	Yes
Geometry Selection: 1	
Sketch	Sketch1

图 2-39　设置箱体的拉伸值

（2）单击"Generate"（生成）按钮，生成的油箱箱体图如图 2-40 所示。

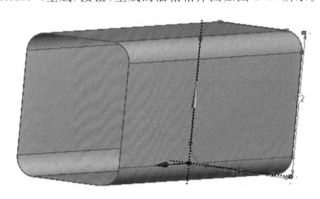

图 2-40　油箱箱体图

2.7.3　绘制油箱左端板

绘制油箱左端板的步骤如下。

（1）单击平面/草图控制工具栏中的"New Plane"按钮创建新平面，在参数列表中，将"Type"设置为 From Face，单击"Base Face"，选择箱体横截面为 Base Face，单击"Generate"生成新平面。

（2）选择所建新平面，单击"New Sketch"建立新草图，单击设计树中的"Sketching"进入草图绘制模式。油箱截面的外轮廓即为本次应该绘制的草图。绘制完毕后，选择所绘制的草图，单击"Extrude"（拉伸），设置"Operation"为 Add Frozen，设置"FD1, Depth"为 10 mm，单击"Generate"，所生成的体如图 2-41 所示。

（3）单击平面/草图控制工具栏中的"New Plane"按钮创建新平面，在参数列表中，将

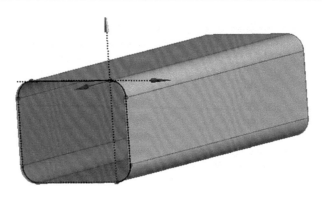

图 2-41　拉伸草图所生成的体

"Type"设置为 From Face,单击"Base Face",选择油箱左端板的外表面为 Base Face,单击
"Generate"生成新平面。

(4)选择所建新平面,单击"New Sketch"建立新草图,单击设计树中的"Sketching"进入
草图绘制模式,绘制草图如图 2-42 所示。

(5)选择所绘制的草图,单击"Extrude"(拉伸),设置"Operation"为 Add Material,设置
"Direction"为 Normal,设置"FD1,Depth"为 5 mm,单击"Generate"生成拉伸体,如图 2-43
所示。

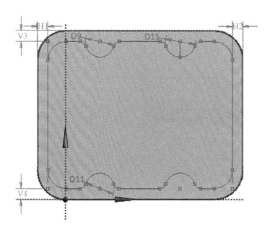

图 2-42　油箱左端板草图(1)

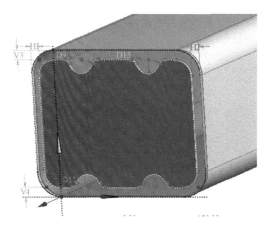

图 2-43　油箱左端板草图(1)拉伸体

(6)单击"Chamfer"(倒直角)命令,选择拉伸体的所有边,设置"FD1,Left Length"为 2
mm,设置"FD2,Right Length"为 2 mm,单击"Generate"生成倒直角,如图 2-44 所示。

(7)单击平面/草图控制工具栏中的"New Plane"按钮创建新平面,在参数列表中,将
"Type"设置为 From Face,单击"Base Face",选择拉伸体的外表面为 Base Face,单击
"Generate"生成新平面。

(8)选择所建新平面,单击"New Sketch"建立新草图,单击设计树中的"Sketching"进入

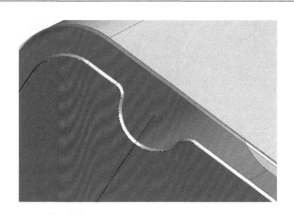

图 2-44　油箱左端板草图(1)拉伸体倒直角

草图绘制模式,绘制草图如图 2-45 所示。

(9)选择所绘制的草图,单击"Extrude"(拉伸),设置"Operation"为 Cut Material,设置"Direction"为 Reversed,设置"FD1,Depth"为 4 mm,单击"Generate"生成拉伸体,如图 2-46 所示。

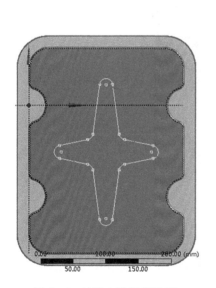

图 2-45　油箱左端板草图(2)

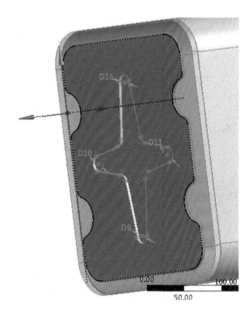

图 2-46　油箱左端板草图(2)拉伸体

(10)单击"Chamfer"(倒直角)命令,选择拉伸体的所有面,设置"FD1,Left Length"为 2 mm,设置"FD2,Right Length"为 2 mm,单击"Generate"生成倒直角,如图 2-47 所示。

(11)单击"Thin/Surface"(抽壳)命令,单击"Geometry",选择左端板的任意一个平面,使用"Ctrl+A"指令进行面的全选,再按住 Ctrl 键选择左端板的底面,取消对其的选择,如图 2-48 所示。设置"Direction"为 Inward,设置"FD1,Thickness"为 1 mm,单击"Generate"对左端板进行抽壳操作,生成的体即为油箱左端板,如图 2-49 所示。

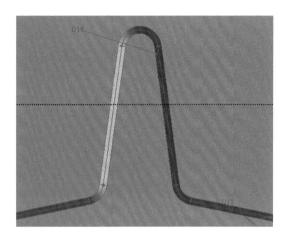

图 2-47   油箱左端板草图(2)拉伸体倒直角

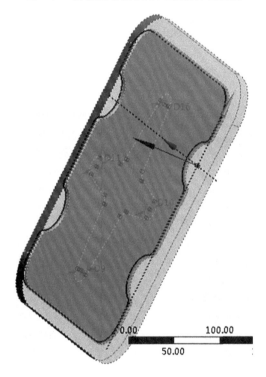

图 2-48   抽壳操作面的选择

注意:在选择油箱左端板底面时,由于箱体的存在而不容易选择,可以选中箱体,单击鼠标右键,选择"Hide Body"将其隐藏。

2.7.4   绘制油箱左隔板

绘制油箱左隔板的步骤如下。

(1)单击平面/草图控制工具栏中的"New Plane"按钮创建新平面,在参数列表中,将

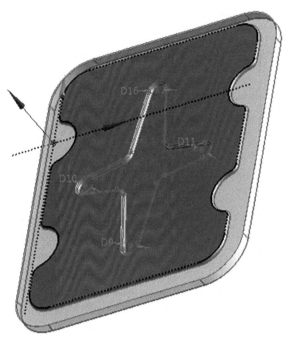

图 2-49　油箱左端板

"Type"设置为 From Plane，设置"Base Plane"为 XYPlane，设置"Transform1"为 Offset Z，设置"FD1，Value1"为 695 mm，单击"Generate"生成新平面，该平面即为油箱左隔板所在平面，如图 2-50 所示。

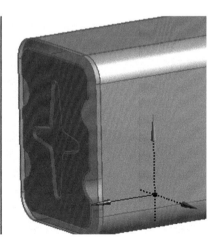

Details View	
Details of Plane7	
Plane	Plane7
Sketches	0
Type	From Plane
Base Plane	XYPlane
Transform 1 (RMB)	Offset Z
☐ FD1, Value 1	695 mm
Transform 2 (RMB)	None
Reverse Normal/Z-Axis?	No
Flip XY-Axes?	No
Export Coordinate System?	No

图 2-50　建立油箱左隔板草图平面

（2）选择所建新平面，单击"New Sketch"（新草图）建立一个草图，单击设计树中的"Sketching"进入草图绘制模式。此时需要将所绘制的箱体和左端板均隐藏起来，以方便草图的绘制。所绘制的草图如图 2-51 所示。

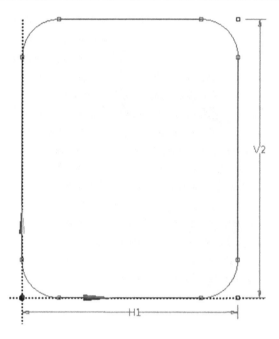

图 2-51 油箱左隔板草图(1)

(3)单击"Extrude"(拉伸),将参数列表中的"Operation"设置为 Add Material,"Direction"设置为 Normal,设置"FD1,Depth"为 10 mm,单击"Generate"生成草图(1)的拉伸体,如图 2-52 所示。

图 2-52 油箱左隔板草图(1)拉伸体

(4)单击"New Plane"(新平面),将参数列表中的"Type"设置为 From Face,设置"Base Face"为草图(1)拉伸体的左侧面,单击"Generate"生成新平面。

(5)选择所建新平面,单击"New Sketch"(新草图)建立一个新草图,单击设计树中的"Sketching"进行草图绘制,绘制的草图如图 2-53 所示。

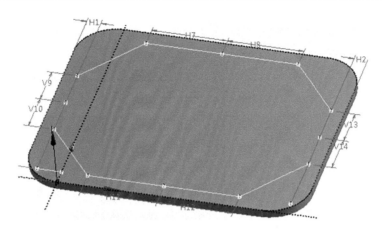

图 2-53　油箱左隔板草图(2)

(6)单击"Extrude"(拉伸),将参数列表中的"Operation"设置为 Add Material,设置"Direction"为 Normal,设置"FD1,Depth"为 5 mm,单击"Generate"生成草图(2)的拉伸体。

(7)单击"New Plane"(新平面),将参数列表中的"Type"设置为 From Face,设置"Base Face"为草图(2)拉伸体的外表面,单击"Generate"生成新平面。在该平面上建立新草图,单击设计树中的"Sketching"进行草图(3)的绘制,绘制完毕后进行拉伸操作,生成的拉伸体如图 2-54 所示。

图 2-54　油箱左隔板草图(3)拉伸体

(8)单击"Thin/Surface"(抽壳)对草图(3)的拉伸体进行抽壳操作,选中任意平面,使用"Ctrl+A"指令进行面的全选,再按住 Ctrl 键选择拉伸体的底面,进而取消对其的选择,将参数列表中的"Direction"设置为 Inward,"FD1,Thickness"设置为 1 mm,单击"Generate"对拉伸体进行抽壳,所生成的体即为油箱左隔板,如图 2-55 所示。

注意:由于油箱右隔板和右端板的绘制与油箱左隔板和左端板的绘制方法一样,故此处不再赘述。

绘制的油箱模型如图 2-56 所示。

图 2-55 油箱左隔板

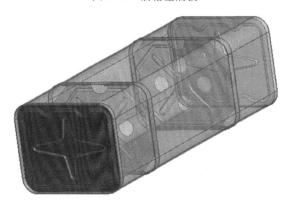

图 2-56 油箱模型

2.7.5 保存文件并退出

模型创建完成后要对相应文件进行保存,其步骤如下。

(1)单击 DM 界面右上角的关闭按钮退出 DM,返回到 Workbench 主界面。

(2)在 Workbench 主界面中单击常用工具栏中的"Save"(保存)按钮,保存刚刚创建的模型文件为 YouXiang。

(3)单击右上角的关闭按钮,退出 Workbench 主界面即可完成模型的创建。

2.8 本章小结

本章主要介绍如何在 ANSYS Workbench 16.0 中建立模型,包括创建草图、3D 几何体等,还介绍了如何导入外部 CAD 文件,以及概念建模的相关概念,最后给出了一个建模实例,以便读者通过实例能够更好地掌握建模知识。

第3章 网 格 划 分

3.1 网格划分概述

在 ANSYS Workbench 16.0 中,从简单的自动网格划分到复杂的高级网格划分,AN-SYS Meshing 都有完美的解决方案,其网格划分技术继承了 ANSYS Mechanical、ANSYS ICEM CFD、ANSYS CFX、GAMBIT、TurboGrid 和 CADOE 等 ANSYS 各结构/流体网格划分程序的相关功能。ANSYS Meshing 根据所求解问题的物理类型(结构、流体、电磁、显式动力学等)设定了相应的、智能化的网格划分程序。因此,用户一旦输入新的 CAD 几何模型并选择所需的物理类型,即可使用 ANSYS Meshing 强大的自动网格划分功能进行网格自动化处理。当 CAD 模型参数变化后,网格的自动划分会自动进行,实现 CAD 和 CAE 间的无缝集成。

ANSYS Meshing 提供了包含混合网格和六面体自动网格等在内的一系列高级网格划分技术,方便用户进行自定义以对具体的隐式/显式结构、流体、电磁、板壳、2D 模型、梁杆模型等进行细致的网格处理,得到最佳的网格模型,为高精度分析打下基础。

除了 ANSYS Meshing 之外,还有顶级的 ANSYS ICEM CFD 和 ANSYS TurboGrid 网格划分平台。它们不断地被整合到 ANSYS Meshing 中,其强大的网格划分功能、独特的网格划分方法,在划分复杂网格方面表现突出,是 ANSYS 网格划分平台的重要组成部分。

3.2 网格类型

ANSYS Workbench 16.0 中主要包括一维网格、二维网格和三维网格三种类型的网格,每种类型的网格都适用于一定的对象,下面具体介绍各种类型的网格的特点。

1. 一维网格

一维网格单元由 2 个节点组成,如图 3-1 所示,用于对曲线、边的网格划分(主要用于杆梁的结构分析中)。

图 3-1　一维网格

2. 二维网格

二维网格包括三角形单元(由 3 节点或 6 节点组成)和四边形单元(由 4 节点或 8 节点组成),如图 3-2 所示,用于对片体、壳体实体进行网格划分。

在使用二维网格划分网格时尽量采用正方形单元,这样做可以使得分析结果比较准确。如果无法使用正方形网格,则要保证四边形的长宽比小于 10;如果是不规则四边形,则应保证四边形的各角度在 45°和 135°之间,在关键区域应避免使用有尖角的单元。在使用三角

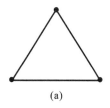 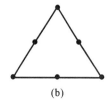 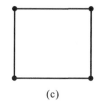 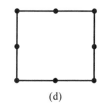

(a)   (b)   (c)   (d)

图 3-2　二维网格

(a)三角形单元(3 节点);(b)三角形单元(6 节点);(c)四边形单元(4 节点);(d)四边形单元(8 节点)

形单元划分网格时,应尽量使用等边三角形单元。此外,还应该尽量避免混合使用三角形和四边形单元对模型进行网格划分。

3. 三维网格

三维网格包括四面体单元(由 4 节点或 10 节点组成)和六面体单元(由 8 节点或 20 节点组成),如图 3-3 所示。

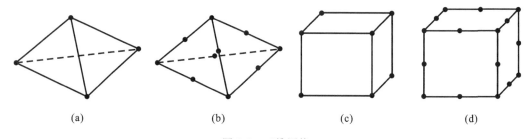

(a)   (b)   (c)   (d)

图 3-3　三维网格

(a)四面体单元(4 节点);(b)四面体单元(10 节点);(c)六面体单元(8 节点);(d)六面体单元(20 节点)

3.3　网格划分平台

3.3.1　网格划分

ANSYS Meshing 按网格划分手段,提供了自动网格划分法(automatic)、扫掠法(sweep)和多域法(multizone)三种网格划分方法,按网格类型提供了四面体法(tetrahedrons)、六面体法(hex dominant)等。利用以上网格划分方法可以对几何体进行网格划分。

1. 自动网格划分

自动网格划分(automatic)为默认的网格划分方法,通常根据几何模型来自动选择合适的网格划分方法。设置四面体或者扫掠网格划分,取决于体是否可扫掠。若可以,物体将被扫掠划分网格;否则,将采用协调分片算法(patch conforming)划分四面体网格。

2. 四面体网格划分

四面体网格划分(tetrahedrons)可以对任何几何体划分四面体网格,在关键区域可以使用曲率和近似尺寸功能自动细化网格,也可以通过膨胀细化实体边界附近的网格。但是,同样的求解精度,四面体网格的单元和节点数高于六面体网格,会占用计算机更多的计算内存,使得求解速度和效率不如六面体网格。四面体网格划分包括以下两种算法。

(1)协调分片算法(patch conforming)。该方法基于 TGrid 算法,先生成面网格,然后生成体网格。

- 在默认设置时,会考虑结合模型所有的边、面等几何尺寸较小的特征。
- 在多体部件中可以结合扫掠法生成共形的混合四面体、棱柱和六面体网格。
- 利用拓扑工具可以简化 CAD 模型较小的特征,放宽分片限制。
- 选用协调分片算法的方法:在如图 3-4 所示的 Details of "Patch Independent"-Method 对话框的 Definition 区域的"Method"下拉列表中选择"Tetrahedrons"选项,在"Algorithm"下拉列表中选择"Patch Conforming"选项。

Details of "Patch Independent" - Method	
Scope	
Scoping Method	Geometry Selection
Geometry	1 Body
Definition	
Suppressed	No
Method	Tetrahedrons
Algorithm	Patch Independent
Element Midside Nodes	Use Global Setting
Advanced	
Defined By	Max Element Size
☐ Max Element Size	Default
☐ Feature Angle	30.0 °
Mesh Based Defeaturing	Off
Refinement	Proximity and Curvature
Min Size Limit	Please Define
☐ Num Cells Across Gap	Default
☐ Curvature Normal Angle	Default
Smooth Transition	Off
Growth Rate	Default
Minimum Edge Length	2.0534 mm
Write ICEM CFD Files	No

图 3-4 选用协调分片算法的方法

(2)独立分片算法(patch independent)。该方法基于 ICEM CFD Tetra 四面体或棱柱的 Octree 方法,先生成体网格,然后映射到点、边和面来创建表面网格。该方法可以对 CAD 模型的长边等进行修补,更适合对质量差的 CAD 模型划分网格。

- 机械分析适用于协调分片算法划分的网格,电磁分析或者流体分析适用于协调分片算法或者独立分片算法划分的网格,显式动力学适用于有虚拟拓扑的协调分片算法或者独立分片算法划分的网格。
- 选用独立分片算法的方法:主要操作与协调分片算法一样,另外,在图 3-4 所示的 Details of "Patch Independent"-Method 对话框的 Advanced 区域还有网格的附加设置

(mesh based defeaturing)、基于曲率和相邻模型特征的细化设置(proximity and curva-ture)、平滑过渡选项(smooth transition)等。当在"Mesh Based Defeaturing"下拉列表中选择"on"时,在"Defeaturing Tolerance"文本框输入清除特征容差,则清除容差范围内的小特征。该方法也可以写 ICEM CFD 文件(write ICEM CFD files)。

3. 六面体网格划分

六面体网格划分(hex dominant)主要采用六面体单元来划分网格,形状复杂的模型可能无法划分完整的六面体网格,这时会出现缺陷。ANSYS Meshing 会自动处理这种缺陷,并用楔形单元、金字塔单元或四面体单元填充处理。

六面体网格划分,首先生成四边形主导的面网格,然后按照需要填充三角形面网格,之后对内部容积大的几何体和可扫掠的体进行六面体网格划分,不可扫掠的部分用楔形或四面体单元补充。但是最好避免楔形和四面体单元出现。六面体网格划分方法常用于对受弯曲或扭转的结构、变形量较大的结构的分析中。在同样的求解精度下,可以使用较少的六面体单元数量来进行求解。

4. 扫掠网格划分

扫掠网格划分(sweep)可以得到六面体网格,也可能包含楔形单元,使用此方法的几何体必须是可扫掠体,其他实体采用四面体单元划分。一个扫掠体需满足:包含不完全闭合空间,至少有一个边或闭合面连接从源面到目标面的路径,没有硬性约束定义以致在源面和目标面相应边上有不同的分割数。扫掠划分方法还包含了一种薄扫掠方法(thin sweep meth-od),此方法与直接扫掠类似,但也有其特点,在某种情况下可以弥补直接扫掠划分网格的不足。

5. 多域网格划分

多域网格划分(multizone)可以自动将几何体分解成映射区和自由区域,可以自动判断区域并生成纯六面体网格,对不满足条件的区域采用更好的非结构化网格划分。多域网格划分适用于扫掠方法不能分解的几何体。此方法基于 ICEM CFD Hexa 模块,非结构化区域可由六面体主导(或以六面体为核心),也可以四面体来划分网格。

6. Cut cell 网格划分

Cut cell 网格划分采用自动修复边的独立分片网格划分方法,可以对复杂的三维几何体自动生成以六面体为主的通用网格。这是为 ANSYS FLUENT 设计的笛卡尔网格划分方法,主要对单体或多体的流体进行网格划分,不能划分装配体,也不能与其他网格划分方法混合使用,支持边界层。使用 Cut cell 网格划分方法,需要在 Details of "mesh"对话框中进行如下设置。

(1)在 Default 区域的 Physics Preference 下拉列表中选择"CFD"选项,在 Solver Pref-erence 中选择"Fluent"选项。

(2)在 Assembly Meshing 区域的"Method"下拉列表中选择"Cut cell"选项。在"Feature Capture"下拉列表中选择"Feature Angle"选项,设置特征捕捉角度,程序默认捕捉角为40°,可以设定更小的角度来捕捉更多的特征。如果捕捉角设置为 0°,则捕捉所有的 CAD 特征。在"Tessellation Refinement"下拉列表中选择"Absolute Tolerance"选项,设置棋盘形镶嵌的错位技术细分网格,可由程序控制或指定容差(absolute tolerance)进行网格细分。

7. 面网格划分

ANSYS 网格划分平台可以对 DM 或其他用 CAD 软件创建的面体进行网格划分,用于 2D 有限元分析。面网格划分主要可划分为三角形或四边形网格,对网格的控制没有三维几何体划分网格全面,主要是对边和映射面的控制,这部分比较简单,此处不做介绍。

3.3.2　ANSYS Workbench 16.0 **网格划分流程**

在 ANSYS Workbench 16.0 中进行网格划分的流程如下:

(1)确定物理场和网格划分方法;

(2)设置全局网格参数,对网格进行全局控制;

(3)设置局部网格参数,对网格进行局部控制;

(4)预览并划分网格;

(5)检查网格质量,如有需要可调整网格设置并重新划分网格。

3.4　划分网格参数设置

3.4.1　概述

全局网格控制通常用于整体网格划分的全局网格控制,包括网格基本物理场类型、网格单元尺寸、尺寸参数、膨胀参数及网格详细信息的查看等相关内容。

在网格划分平台界面的"Outline"窗口单击"Mesh"选项,弹出如图 3-5 所示的 Details of "Mesh"对话框,用于对网格进行全局控制。

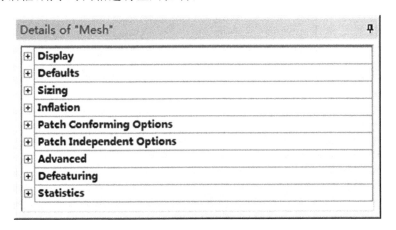

图 3-5　网格划分对话框

下面具体介绍网格划分及对网格划分进行全局控制的相关操作。

3.4.2　划分网格

下面以一个简单的模型(见图 3-6)为例,介绍自动网格划分的一般操作步骤。

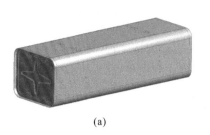
(a)

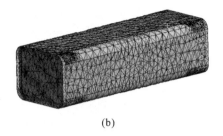
(b)

图 3-6 网格划分模型

(a)网格划分前;(b)网格划分后

Step 1 创建"Mesh"项目列表。在 ANSYS Workbench 16.0 界面双击 toolbox 工具箱中 Component Systems 区域中的"Mesh"选项,创建一个"Mesh"项目列表。

Step 2 导入几何体。在"Mesh"项目列表中右击"Geometry"选项,在弹出的快捷菜单中选择"Import Geometry"→"Browse"命令,导入文件 3-4-2Mesh-1. IGS。

Step 3 进入 ANSYS 专有网格划分平台。在"Mesh"项目列表中双击"Mesh"选项,进入 ANSYS 专有网格划分平台。

Step 4 划分网格。在"Outline"窗口中右击"Mesh"选项,在弹出的快捷菜单中选择"Generate Mesh"命令,系统自动划分网格,结果如图 3-6(b)所示。

3.4.3 全局网格参数设置

1.基本参数设置

Details of "Mesh"对话框中的 Defaults 区域主要用于设置网格基本参数,包括"Physics Preference"下拉列表和"Relevance"文本框。

网格划分之前必须首先确定物理场类型。窗口中的"Physics Preference"下拉列表用于设置网格物理场类型,包括结构场、流场、显式动力学和电磁场,如图 3-7 所示。选择不同的场,其具体参数设置是不一样的。

图 3-7 网格物理场设置

当物理场确定之后,单击"Relevance"后的文本框,调节文本框中的滑块,可控制网格总体划分质量。越往负值方向网格越粗糙,质量越差;越往正值方向网格越细致,质量越高,如图 3-8 所示。

(a) (b)

图 3-8 不同 Relevance 值下的网格质量

(a)Relevance=-100;(b)Relevance=100

2. 网格尺寸设置

在图 3-9 所示的 Details of "Mesh"对话框中,Sizing 区域主要用于设置网格划分过程中网格尺寸的控制方式以及相关参数。下面具体介绍该区域中的相关设置。

Details of "Mesh"		
⊞ **Display**		
⊞ **Defaults**		
⊟ **Sizing**		
Use Advanced Size Function	Off ▼	
Relevance Center	Off	
☐ Element Size	On: Proximity and Curvature	
Initial Size Seed	On: Curvature	
Smoothing	On: Proximity	
Transition	On: Fixed	
Span Angle Center	Coarse	
Minimum Edge Length	2.05340 mm	
⊞ **Inflation**		
⊞ **Patch Conforming Options**		
⊞ **Patch Independent Options**		
⊞ **Advanced**		
⊞ **Defeaturing**		
⊞ **Statistics**		

图 3-9 Sizing 下的相关参数

对话框中的"Use Advanced Size Function"列表主要用于控制曲线或者曲面在曲率较大地方的网格细化方式。列表中有"Off"、"Curvature"、"Proximity"、"Fixed"、"Proximity and Curvature"五种控制方式。"Off"方式是先从边开始划分网格,在曲率比较大的地方细化边网格,接下来再产生面网格,最后生成体网格。"Curvature"方式是由曲率法向角度确定(细化)边和曲面处的网格大小,在有曲率变化的地方网格会进一步细化。"Proximity"方式用于对网格划分算法添加更好的处理临近部位的网格,即控制模型临近区域网格的生成,主要适用于窄、薄处的网格生成。"Fixed"方式是采用固定的单元大小划分网格,无曲率或相邻细化。"Proximity and Curvature"是"Curvature"和"Proximity"两种情况的综合,适用于比较复杂的几何体。

3. 膨胀设置

如图 3-10 所示的 Details of "Mesh"对话框中的 Inflation 区域主要用于对网格进行膨胀层设置。

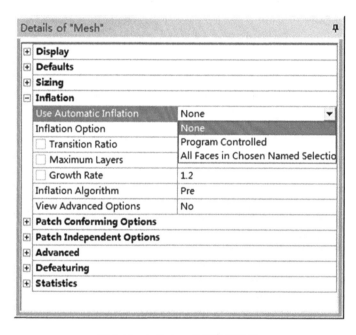

图 3-10　Inflation 相关参数设置

对 Inflation 相关参数设置的部分说明如下。

(1)"Use Automatic Inflation"(使用自动控制膨胀层)下拉列表提供以下三种方式。

• None(无):为默认值,适用于局部网格控制时进行手动设置。

• Program Controlled(程序化控制):程序化控制所有面无命名选项,共享体间无内部的面。

• All Face in Chosen Named Selection(以命名选择所有面):可对定义命名选择的一组面进行处理。

(2)"View Advanced Options"(高级选项窗口)选项用于设置更高级的用法。

3.4.4　全局网格参数设置的实际应用

对于如图 3-11(a)所示的零件模型,从结构上看有些部位比较狭窄,存在多处圆弧结构,在划分网格时需要进行局部细化控制,才能保证网格质量,提高分析求解精度。下面具体介绍使用全局网格参数控制方法对该零件几何体进行网格划分的操作步骤,最终网格划分的结果如图 3-11(b)所示。

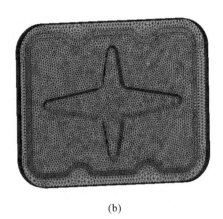

(a)　　　　　　　　　　　　　　　　　(b)

图 3-11　全局参数设置

(a)网格划分前；(b)网格划分后

Step 1 创建"Mesh"项目列表。在 ANSYS Workbench 16.0 界面双击 toolbox 工具箱中 Component Systems 区域中的"Mesh"选项，创建一个"Mesh"项目列表。

Step 2 导入几何体。在"Mesh"项目列表中右击"Geometry"选项，在弹出的快捷菜单中选择"Import Geometry"→"Browse"命令，导入文件 3-4-3mesh-duanban.IGS。

Step 3 进入 ANSYS 专有网格划分平台。在"Mesh"项目列表中双击"Mesh"选项，进入 ANSYS 专有网格划分平台。

Step 4 划分网格。在"Outline"窗口中右击"Mesh"选项，在弹出的快捷菜单中选择"Generate Mesh"命令，系统自动划分网格，结果如图 3-12(a)所示。

网格划分在有限元分析过程中是一个比较复杂的过程，也是一个不断尝试的过程，特别是要得到质量比较好的网格时。在 ANSYS Workbench 16.0 中进行网格划分主要通过以下两种方法来获得精细的网格。

(1)全局网格参数控制法。这种方法是先采用系统默认的网格划分方案进行划分，得到初步的网格划分结果，通过对初步的网格划分结果进行评估与分析，然后对网格参数进行初步修改，得到比较精细的网格，最后对网格参数进行精细设置，得到精细的网格。

(2)全局网格参数与局部网格参数相结合的控制法。这种方法是先采用全局网格参数控制法对模型进行初步的网格划分，得到比较精细的网格，然后使用各种局部网格控制的方法对网格进行不同方式的局部控制，最后得到满足分析需求的网格。

Step 5 设置全局网格参数。

(1)对网格参数进行初步修改。向 Details of "Mesh"对话框的"Relevance"文本框中输入数值 100，在 Sizing 区域的"Relevance Center"下拉列表中选择"Fine"选项，向"Element"文本框中输入数值 5.0；单击"Update"按钮，得到网格结果如图 3-12(b)所示。

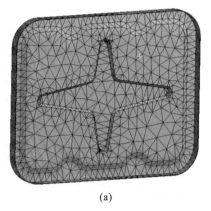 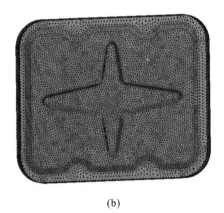

(a)   (b)

图 3-12   全局参数设置后网格划分效果

(a)采用系统默认方法得到的网格;(b)全局网格参数设置后得到的网格

(2)对网格参数进行精确设置。在图 3-9 所示的 Details of "Mesh"对话框的"Use Advanced Size Function"下拉列表中选择"On:Proximity and Curvature"选项,在"SPan Angle Center"下拉列表中选择"Fine"选项,在"Curvature Normal Angle"文本框中输入 60°,在 "Num Cells Across Gap"文本框中输入数值 15,在"Min Size"文本框中输入数值 0.06,在 "Proximity Min Face"文本框中输入数值 0.06,在"Max Face Size"文本框中输入 5,在"Max Size"文本框中输入数值 10,其他参数采用系统默认值。

对 Details of "Mesh"对话框中的部分选项说明如下。

• Curvature Normal Angle 文本框(曲率法向角度):用于设置曲率法向角度参数,角度值越小,在曲率较大部位的网格被划分得越细致。

• Num Cells Across Gap 文本框(单元交叉间隙数):用于设置单元交叉间隙参数,值越大,在结构接近处的网格被划分得越细致。

• Min Size 文本框(最小尺寸):用于设置单元最小尺寸值。

• Proximity Min Face 文本框(最小接近尺寸):用于设置单元最小接近尺寸值。

• Max Face Size 文本框(最大面尺寸):用于设置单元最大面尺寸值。

• Max Size 文本框(最大尺寸):用于设置单元最大尺寸值。

3.5   局部网格控制

ANSYS Workbench 16.0 网格划分平台除了提供全局网格的划分方法之外,还提供了局部细化网格的方法,进一步强化了网格划分功能。在 ANSYS 专有网格划分平台的"Outline"窗口右击"Mesh"选项,在弹出的快捷菜单中选择"Insert"命令,弹出如图 3-13 所示的菜单。该菜单主要用于对网格进行局部控制,可用到的局部网格控制尺寸包括"Sizing"(局部尺寸)、"Contact Sizing"(接触尺寸)、"Refinement"(细化)、"Mapped Face Meshing"(映射面）、"Match Control"（匹配控制）、"Pinch"（收缩控制）、"Inflation"（膨胀层）等。下面具体介绍各种网格局部控制的操作方法。

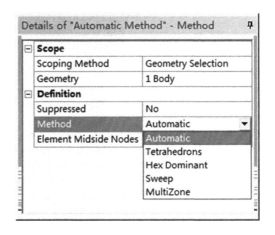

图 3-13　局部网格控制方法　　　　　　　　图 3-14　网格主要控制方法

3.5.1　方法控制

应用方法控制的方式主要有五种：自动网格划分（automatic，ANSYS 默认的网格划分方法）、四面体网格划分法（tetrahedrons）、六面体网格划分法（hex dominant）、扫掠法（sweep）和多域法（multizone）。

在专有网格划分平台的"Outline"窗口中右击"Mesh"选项，在弹出的快捷菜单中选择"Insert"→"Method"命令，弹出如图 3-14 所示的对话框。在该对话框中对网格进行各种方法控制，下面具体介绍操作过程。

1. 自动网格划分

自动网格划分方法就是在四面体划分与扫掠划分之间进行自动切换，其过程完全取决于几何体是否可被扫掠，当几何体规则（即能被扫掠）时，系统就会产生六面体网格。下面具体介绍其操作过程。

Step 1 打开文件进入界面。选择"File"→"Open"命令，打开文件 3-5-1-1automatic. Wbpj，在项目列表中双击"Model"选项，进入"Mechanical"环境。

Step 2 选取命令。在专有网格划分平台的"Outline"窗口中右击"Mesh"选项，在弹出的快捷菜单中选择"Insert"→"Method"命令，弹出 Details of "Automatic Method"对话框。

Step 3 定义划分对象。选取整个模型对象，在"Geometry"后的文本框中选择"Apply"按钮。

Step 4 定义方法控制。在 Definition 区域的"Method"中选择"Automatic"选项。

Step 5 单击"Update"按钮，完成自动网格划分。单击"Mesh"选项，查看结果，结果如图 3-15 所示。

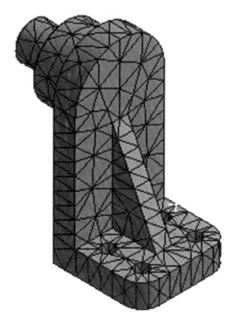

图 3-15 采用 automatic 方法得到的网格

2. 四面体网格划分

在网格划分中,四面体网格划分相对而言是最简单的,其中包含了"Patch Conforming"和"Patch Independent"两种运算方法。下面介绍其具体操作过程。

Step 1 打开文件进入界面。选择"File"→"Open"命令,打开文件 3-5-1-2tetrahedrons. Wbpj,在项目列表中双击"Mesh"选项,进入 ANSYS 专有网格划分平台。

Step 2 选取命令。在专有网格划分平台的"Outline"窗口中右击"Mesh"选项,在弹出的快捷菜单中选择"Insert"→"Method"命令,弹出 Details of "Automatic Method"对话框。

Step 3 定义划分对象。选取整个模型对象,在"Geometry"后的文本框中选择"Apply"按钮。

Step 4 定义方法控制。在 Definition 区域的"Method"中选择"Tetrahedrons"选项。

Step 5 定义运算法则。在 Definition 区域的"Algorithm"下拉列表中选择"Patch Independent"选项。

Step 6 定义参数设置。在 Advanced 区域的"Max Element Size"文本框中输入数值10.0,在"Feature Angel"文本框中输入数值30,在"Min Size Limit"文本框中输入数值5.0,其他选项参数如图 3-16 所示。

注意:对话框中的"Feature Angel"文本框中的参数单位默认的可能是 rad,此处需要将单位设置成度。在菜单栏中选择"Unit"→"Degrees"命令,可以完成该操作。

Details of "Patch Independent" - Method	
⊞ **Scope**	
⊟ **Definition**	
Suppressed	No
Method	Tetrahedrons
Algorithm	Patch Independent
Element Midside Nodes	Use Global Setting
⊟ **Advanced**	
Defined By	Max Element Size
☐ Max Element Size	Default
☐ Feature Angle	30.0 °
Mesh Based Defeaturing	Off
Refinement	Proximity and Curvature
☐ Min Size Limit	5. mm
☐ Num Cells Across Gap	Default
☐ Curvature Normal Angle	Default
Smooth Transition	Off
Growth Rate	Default
Minimum Edge Length	2.0534 mm
Write ICEM CFD Files	No

图 3-16　高级网格参数设置

Step 7 单击"Update"按钮,完成自动网格划分。单击"Mesh"选项,查看结果,结果如图 3-17 所示。

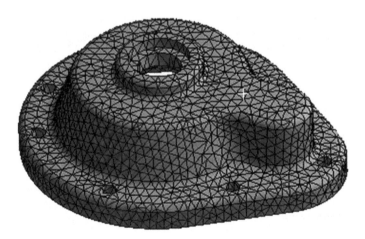

图 3-17　采用 tetrahedrons 方法得到的网格

对图 3-16 所示的高级网格参数设置中的部分选项说明如下。

(1)"Algorithm"下拉列表用于控制网格的算法,主要包括以下两种算法。

• Patch Independent:基于 ICEM CFD Tetra 算法,先生成体网格并映射到表面产生表面网格。此方法容许质量差的 CAD 几何体,对 CAD 模型许多面的修补有用,如碎面、短边、差的面参数等。如果面上没有载荷或者命名,就不考虑面和边,直接跟其他面作为一体来划分网格。如果有命名则要单独划分该区域的网格。

• Patch Conforming：默认考虑几何面和体生成表面网格，会考虑小的边和面，基于 TGRID Tetra 算法由表面网格生成体网格。此方法适用于多体部件，可混合使用 Patch Conforming 四面体和扫掠方法共同生成网格，联合 Pinch Control 功能有助于移除短边，但基于最小尺寸有内在网格缺陷。

正是由于 Patch Conforming 方法会考虑几何体中比较小的边和面，因此对狭长的面或不同尺寸和形状的面的几何体划分网格会产生问题。这种情况下可以采用 Patch Independent 方法的"虚拟拓扑选项"解决问题，而且 Patch Independent 方法本身也更适合于质量差的几何体。

（2）"Define By"下拉列表用于选择网格的细化方式，主要有以下两种方式。

• Max Element Size 选项：使用单元最大尺寸对网格进行细化，此时在"Max Element Size"文本框中输入单元最大尺寸值。

• Approx number of Element per Part 选项：根据给定的每一个几何体近似的总单元数来划分网格，此时在 Approx number of Element per Part 对话框中输入总单元数。

（3）"Write ICEM CFD Files"下拉列表用于控制 ICEM CFD 文件生成。

• No 选项：选中该选项，不生成 ICEM CFD 文件。

• Yes 选项：选中该选项，生成 ICEM CFD 文件。

• Interactive 选项：选中该选项，以交互式方式生成 ICEM CFD 文件。

• Batch 选项：选中该选项，以批处理方式生成 ICEM CFD 文件。

3. 六面体网格划分

六面体网格划分中，先在表面生成四边形，然后根据需要填充四面体和锥体，该方法用于不能被扫掠的实体（薄壁或外形复杂的实体除外）。下面具体介绍其操作过程。

Step 1 打开文件进入界面。选择"File"→"Open"命令，打开文件 3-5-1-3hex_dominant. Wbpj，在项目列表中双击"Mesh"选项，进入 ANSYS 专有网格划分平台。

Step 2 选取命令。在专有网格划分平台的"Outline"窗口中右击"Mesh"选项，直接单击"Update"按钮可以得到系统默认的网格，如图 3-18 所示。

Step 3 选取命令。在专有网格划分平台的"Outline"窗口中右击"Mesh"选项，在弹出的快捷菜单中选择"Insert"→"Method"命令，弹出 Details of "Automatic Method"对话框。

Step 4 定义划分对象。选取整个模型对象，在"Geometry"后的文本框中选择"Apply"按钮。

Step 5 定义方法控制。在 Definition 区域的"Method"中选择"Hex Dominant"选项。

Step 6 单击"Update"按钮，完成网格划分。单击"Mesh"选项，查看结果，结果如图 3-19 所示。

图 3-18 系统默认网格划分

图 3-19 采用六面体网格划分方法得到的网格

4. 扫掠法

扫掠法主要是将可扫掠的几何体(规则几何体)划分为六面体网格或棱柱体网格,可手动选择源面和目标面,也可以定义尺寸及间隔比例。下面介绍其具体操作过程。

Step 1 打开文件进入界面。选择"File"→"Open"命令,打开文件 3-5-1-4sweep. Wbpj,在项目列表中双击"Mesh"选项,进入 ANSYS 专有网格划分平台。

Step 2 选取命令。在专有网格划分平台的"Outline"窗口中右击"Mesh"选项,在弹出的快捷菜单中选择"Insert"→"Method"命令,弹出 Details of "Automatic Method"对话框。

Step 3 定义划分对象。选取整个模型对象,在"Geometry"后的文本框中选择"Apply"按钮。

Step 4 定义方法控制。在 Definition 区域的"Method"中选择"Sweep"选项。

Step 5 定义源面和目标面。在"Src/Trg Selection"下拉列表中选择"Manual Source and Target"选项,单击已激活的"Source"后的文本框,选取图 3-20 中标注的模型表面为源面,单击"Apply"按钮。单击已激活的"Target"后的文本框,选取图 3-20 中标注的模型表面为目标面,单击"Apply"按钮。

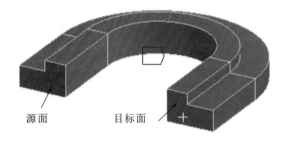

源面   目标面

图 3-20 源面和目标面的选取

Step 6 定义网格类型。在"Free Face Mesh Type"下拉列表中选择"All Quad"选项,其他选项保持系统默认值。

Step 7 单击"Update"按钮,完成网格划分。单击"Mesh"选项,查看结果,结果如图 3-21 所示。

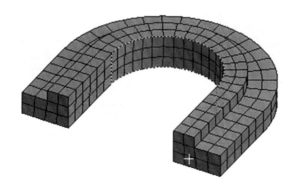

图 3-21　采用 sweep 方法获得的网格

对图 3-22 所示的 sweep 参数设置的部分选项说明如下。

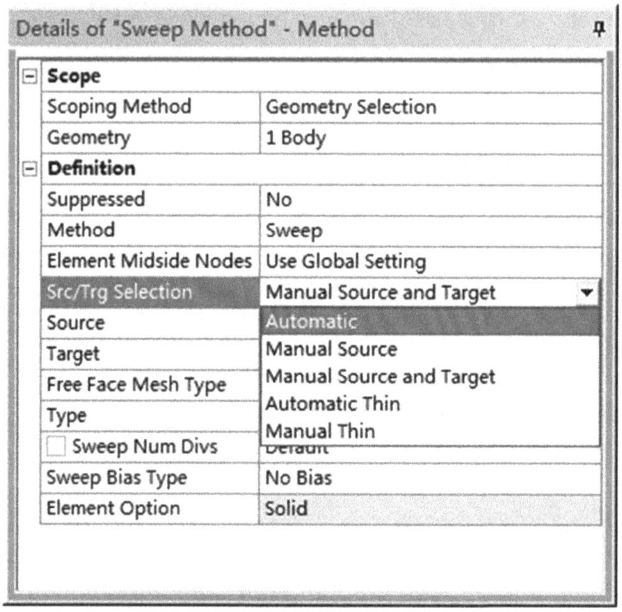

图 3-22　sweep 参数设置

（1）"Src/Trg Selection"下拉列表用于设置源面和目标面的选择方式，主要包括以下几种。

• Automatic 选项：选中该选项，系统自动选取源面和目标面。

• Manual Source 选项：选中该选项，需要手动选择源面，系统自动选取目标面。

• Manual Source and Target 选项：选中该选项，手动选取源面和目标面。

• Automatic Thin 选项：选中该选项，自动创建薄壳扫掠网格。

• Manual Thin 选项：选中该选项，手动创建薄壳扫掠网格。

（2）"Free Face Mesh Type"下拉列表与六面体网格划分工具中的该选项一样，用于控制自由面网格单元类型。该列表中比六面体网格划分工具中多出的"All Tri"选项，可用于划分成三角形类型。

（3）"Type"下拉列表用于控制网格的细化方式，主要包括以下两种方式。

• Element Size 选项：选中该选项，可定义单元尺寸对网格进行细化，此时需要在

"Sweep Element Size"文本框中输入单元尺寸值。

• Number of Divisions 选项：选中该选项，可定义边界单元段数对网格进行细化，此时需要在"Sweep Num Divs"文本框中输入段数值。

5. 多域法

多域法主要用于划分六面体网格，其本身具有几何体自动分解的功能，从而产生六面体网格。下面具体介绍多域法的操作过程。

Step 1 打开文件进入界面。选择"File"→"Open"命令，打开文件 3-5-1-5multizone. Wbpj，在项目列表中双击"Mesh"选项，进入 ANSYS 专有网格划分平台。

Step 2 直接单击"Update"按钮可以得到如图 3-23 所示的网格（在此基础上进行多域法设置，以便和下文采用的多域法作对比）。

图 3-23　采用系统默认的网格划分方法得到的网格

Step 3 选取命令。在专有网格划分平台的"Outline"窗口中右击"Mesh"选项，在弹出的快捷菜单中选择"Insert"→"Method"命令，弹出 Details of "Automatic Method"对话框。

Step 4 定义划分对象。选取整个模型对象，在"Geometry"后的文本框中选择"Apply"按钮。

Step 5 定义方法控制。在 Definition 区域的"Method"中选择"Multizone"选项。

Step 6 单击"Update"按钮，完成网格划分。单击"Mesh"选项，查看结果，结果如图 3-24 所示。

图 3-24　采用多域法得到的网格

3.5.2 尺寸控制

尺寸控制对一般的实体来说包括两种方法:局部尺寸控制和影响球控制,但是对曲面来说则多了一种边界分段控制的方法。

在专有网格划分平台的"Outline"窗口中右击"Mesh"选项,在弹出的快捷菜单中选择"Insert"→"Sizing"命令,弹出的 Details of "Edge Sizing"-Sizing 对话框,用于对网格进行各种控制。

1. 局部尺寸控制

局部尺寸控制用于设置单元尺寸,系统根据设置的单元尺寸对定义对象(点、边、面和实体)进行网格划分。下面介绍其具体操作过程。

Step 1 打开文件进入界面。选择"File"→"Open"命令,打开文件 3-5-2-1element_size. Wbpj,在项目列表中双击"Mesh"选项,进入 ANSYS 专有网格划分平台。

Step 2 选取命令。在专有网格划分平台的"Outline"窗口中右击"Mesh"选项,在弹出的快捷菜单中选择"Insert"→"Sizing"命令,弹出 Details of "Edge Sizing"-Sizing 对话框。

Step 3 定义划分对象。选取图 3-25 所示的模型表面为对象,在"Geometry"后的文本框中选择"Apply"按钮。

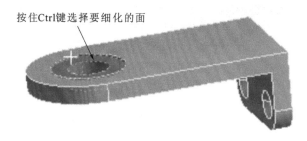

图 3-25　选取细化对象

Step 4 单击"Update"按钮,完成网格划分。单击"Mesh"选项,查看结果,结果如图 3-26 所示。

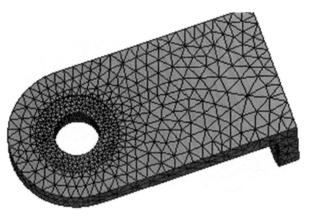

图 3-26　采用局部尺寸控制方法得到的网格

2. 影响球控制

在需要细化网格的位置定义影响球,并在与影响球相交的位置进行网格细化,其球体用来设定单元的平均大小的范围,中心由坐标系定义(可先定义局部坐标系),所有采集到的实体都会被细化。下面介绍影响球控制的具体操作过程。

Step 1 打开文件进入界面。选择"File"→"Open"命令,打开文件 3-5-2-2element_size.Wbpj,在项目列表中双击"Mesh"选项,进入 ANSYS 专有网格划分平台。

Step 2 选取命令。在专有网格划分平台的"Outline"窗口中右击"Mesh"选项,在弹出的快捷菜单中选择"Insert"→"Sizing"命令,弹出 Details of "body Sizing"-Sizing 对话框。

Step 3 定义划分对象。选取图 3-27 所示的模型表面为对象,在"Geometry"后的文本框中选择"Apply"按钮。

Step 4 定义尺寸控制类型。在"Type"下拉列表中选择"Sphere of Influence"选项。

Step 5 定义中心。在"Sphere Center"下拉列表中选择"Plane"选项,模型如图 3-27 所示。

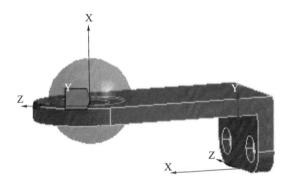
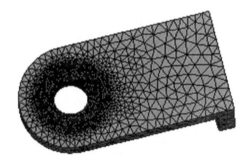

图 3-27　影响球控制模型　　　　　　　图 3-28　采用影响球控制方法得到的网格

Step 6 定义球半径和单元尺寸。在"Sphere Radius"文本框中输入数值 60.0,在"Element"文本框中输入数值 3.0,其他保持系统默认值。

Step 7 单击"Update"按钮,完成网格划分。单击"Mesh"选项,查看结果,结果如图 3-28 所示。

3. 边界分段控制

边界分段控制用于设置单元段数,系统根据设置的单元段数对定义边进行网格划分,其具体操作过程如下。

Step 1 打开文件进入界面。选择"File"→"Open"命令,打开文件 3-5-2-3number_of_Divisions.Wbpj,在项目列表中双击"Mesh"选项,进入 ANSYS 专有网格划分平台。

Step 2 选取命令。在专有网格划分平台的"Outline"窗口中右击"Mesh"选项,在弹出的快捷菜单中选择"Insert"→"Sizing"命令,弹出 Details of "Edge-Sizing"-Sizing 对话框。

Step 3 定义划分对象。选取要细化的边为对象,在"Geometry"后的文本框中选择"Apply"按钮。

Step 4 定义尺寸控制类型。在"Type"下拉列表中选择"Number of Division"选项。

Step 5 定义段数。在"Number of Division"文本框中输入数值 30。

Step 6 单击"Update"按钮,完成网格划分。单击"Mesh"选项,查看结果,结果如图 3-29 所示。

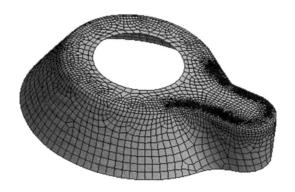

图 3-29 采用边界控制方法得到的网格

3.5.3 接触尺寸控制

接触尺寸控制主要应用于装配体接触区域的网格划分,其在接触面生成尺寸大小一致的单元。

在专有网格划分平台的"Outline"窗口中右击"Mesh"选项,在弹出的快捷菜单中选择"Insert"→"Contact Sizing"命令,弹出 Details of "Contact Sizing"-Contact Sizing 对话框,用于对接触尺寸网格进行控制。接触尺寸控制的操作过程如下。

Step 1 打开文件进入界面。选择"File"→"Open"命令,打开文件 3-5-3contact——_sizing.Wbpj,在项目列表中双击"Mesh"选项,进入 ANSYS 专有网格划分平台。

Step 2 选取命令。在专有网格划分平台的"Outline"窗口中右击"Mesh"选项,在弹出的快捷菜单中选择"Insert"→"Contact Sizing"命令,弹出 Details of "Contact Sizing"-Contact Sizing 对话框。

Step 3 定义接触区域。在 Scope 区域的"Contact Region"下拉列表中选择"Contact1"选项。

Step 4 定义接触尺寸控制类型。在"Type"下拉列表中选择"Element Size"选项。

Step 5 定义单元尺寸。在"Element Size"文本框中输入数值 2.0。

Step 6 单击"Update"按钮,完成网格划分。单击"Mesh"选项,查看结果,结果如图 3-30 所示。

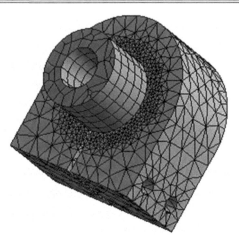

图 3-30　采用接触尺寸控制方法得到的网格

3.5.4　加密尺寸控制

加密尺寸控制就是对初始网格使用全局或者局部尺寸控制,然后在采集位置加密,加密系数 1~3(最小值~最大值)。

在专有网格划分平台的"Outline"窗口中右击"Mesh"选项,在弹出的快捷菜单中选择"Insert"→"Refinement"命令,弹出 Details of "Refinement"-refinement 对话框,用于对网格进行加密尺寸控制。加密尺寸控制的操作过程如下。

Step 1　打开文件进入界面。选择"File"→"Open"命令,打开文件 3-5-4contact——_sizing. Wbpj,在项目列表中双击"Mesh"选项,进入 ANSYS 专有网格划分平台。

Step 2　选取命令。在专有网格划分平台的"Outline"窗口中右击"Mesh"选项,在弹出的快捷菜单中选择"Insert"→"Refinement"命令,弹出 Details of "Refinement"-refinement 对话框。

Step 3　定义采集位置。选取模型的中心孔为对象,并在"Geometry"后的文本框中选择"Apply"按钮。

Step 4　定义加密系数。在 Definition 区域的"Refinement"文本框中输入数值 3。

Step 5　单击"Update"按钮,完成网格划分。单击"Mesh"选项,查看结果,结果如图 3-31 所示。

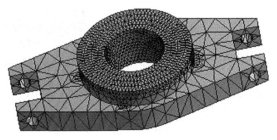

图 3-31　采用局部加密尺寸控制方法得到的网格

3.5.5 面映射网格划分

面映射网格划分是指对映射的面进行网格划分,其特点是可以在面上划分结构网格。因为进行映射网格划分可以得到一致的网格,所以对计算求解是非常有利的。在实际的网格划分过程中,面映射网格控制一般与其他局部网格控制方法并用才能够得到最佳的网格效果。

在专有网格划分平台的"Outline"窗口中右击"Mesh"选项,在弹出的快捷菜单中选择"Insert"→"Face Meshing"命令,弹出 Details of "Mapped Face Meshing"-Mapped Face meshing 对话框,用于对映射面进行控制。对面映射网格划分的操作过程如下。

Step 1 打开文件进入界面。选择"File"→"Open"命令,打开文件 3-5-5mapped_face. Wbpj,在项目列表中双击"Mesh"选项,进入 ANSYS 专有网格划分平台。

Step 2 选取命令。在专有网格划分平台的"Outline"窗口中右击"Mesh"选项,在弹出的快捷菜单中选择"Insert"→"Method"命令,弹出 Details of "Automatic Method"对话框。

Step 3 定义划分对象。选取整个模型对象,在"Geometry"后的文本框中选择"Apply"按钮。

Step 4 定义方法控制。在 Definition 区域的"Method"中选择"Sweep"选项。

Step 5 定义源面和目标面。在"Src/Trg Selection"下拉列表中选择"Manual Source and Target"选项,单击"Source"后的文本框,选取模型的上表面为源面,单击"Apply"按钮;单击"Target"后的文本框,选取模型的下表面为目标面,单击"Apply"按钮,如图 3-32 所示。

Step 6 定义网格类型。在"Free Face Mesh Type"下拉列表中选择"All Quad"选项,其他选项保持系统默认值。

Step 7 单击"Update"按钮,完成网格划分。单击"Mesh"选项,查看结果,结果如图 3-33 所示。

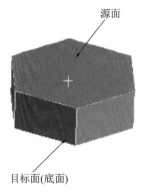

源面

目标面(底面)

图 3-32　定义源面和目标面

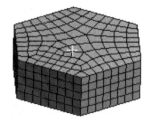

图 3-33　sweep 方法得到的网格

Step 8 选取命令。在"Outline"窗口中右击"Mesh"选项,在弹出的快捷菜单中选择"Insert"→"Face Meshing"命令,弹出 Details of "Mapped Face Meshing"-Mapped Face meshing 对话框。

Step 9 定义映射面。选取如图 3-34（a）所示模型表面为对象,选取整个模型对象,在"Geometry"后的文本框中选择"Apply"按钮。

Step 10 指定 side vertex。单击"Specified Sides"后的文本框,选取图 3-34（b）所示的两点。

Step 11 指定 end vertex。单击"Specified Ends"后的文本框,选取图 3-34（c）所示的四点。

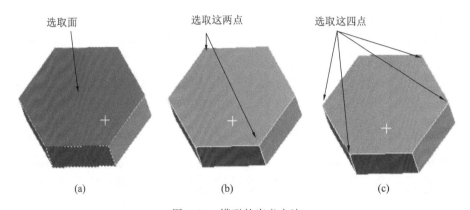

选取面   选取这两点   选取这四点

(a)   (b)   (c)

图 3-34 模型的定义方法

(a)选取表面对象;(b)选取 side vertex 点;(c)选取 end vertex 点

Step 12 单击"Update"按钮,完成网格划分。单击"Mesh"选项,查看结果,结果如图 3-35 所示。

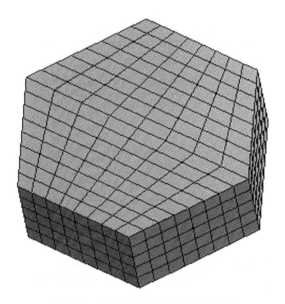

图 3-35 采用面映射方法得到的网格

对操作过程中弹出的 Details of "Mapped Face Meshing"-Mapped Face meshing 对话框窗口中的部分选项说明如下。

（1）"Method"下拉列表用于设置形状类型（仅用于面体分析）。

• Quadrilaterals 选项：选中该选项，系统会尝试更多四边形，之后以三角形填补。

• Triangles：Best Split 选项：选中该选项，系统会以三角形填补。

（2）当在"Geometry"中定义映射面后（无论是实体还是面体），Details of "Mapped Face Meshing"-Mapped Face meshing 对话框的 Advanced 区域内均会出现 Specified Sides、Specified Corners、Specified Ends 三个选项。

• Specified Sides 选项：用来指定 side vertex，其指定的点与通过内部节点的节点连线只有一条，如图 3-36（a）所示。

• Specified Corners 选项：用来指定 corner vertex，其指定的点与通过内部节点的节点连线只有两条，如图 3-36（b）所示。

• Specified Ends 选项：用来指定 end vertex，其指定的点与通过内部节点的节点连线不存在，如图 3-36（c）所示。

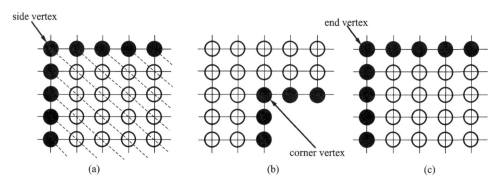

图 3-36　side vertex、corner vertex、end vertex 三种点的含义

(a)side vertex；(b)corner vertex；(c)end vertex

对以上三种点的属性总结如表 3-1 所示。

表 3-1　面映射网格控制中三种点的属性

点的类型	过点网格线数目	相邻边夹角
end vertex	0	0°～135°
side vertex	1	136°～224°
corner vertex	2	225°～314°

3.5.6　匹配控制

匹配控制是将选择的两个面对象进行匹配控制，网格划分完成后，两个面对象上的网格结构是一致的，相当于做了一个镜像操作。

在专有网格划分平台的"Outline"窗口中右击"Mesh"选项，在弹出的快捷菜单中选择"Insert"→"Match Control"命令，弹出 Details of "Match control"-Match control 对话框，用于匹配控制。匹配控制的操作过程如下。

Step 1 打开文件进入界面。选择"File"→"Open"命令，打开文件 3-5-6match_control. Wbpj，在项目列表中双击"Mesh"选项，进入 ANSYS 专有网格划分平台。

Step 2 选取命令。在专有网格划分平台的"Outline"窗口中右击"Mesh"选项，选择"Insert"→"Match Control"命令，弹出 Details of "Match control"-Match control 对话框。

Step 3 定义 High Geometry Selection 对象。单击以激活"High Geometry Selection"后的文本框，选取图 3-37 所示的 high geometry 面，单击"Apply"按钮。

Step 4 定义 Low Geometry Selection 对象。单击以激活"Low Geometry selection"后的文本框，选取图 3-37 所示的 low geometry 面，单击"Apply"按钮。

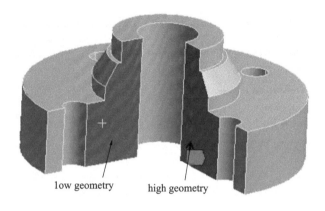

图 3-37　模型定义的方法

Step 5 定义轴对象。在"Axis of Rotation"下拉列表中选择"Coordinate System"选项。

Step 6 单击"Update"按钮，完成网格划分。单击"Mesh"选项，查看结果，结果如图 3-38 所示。

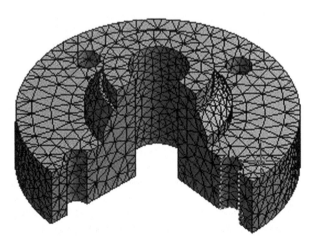

图 3-38　采用匹配控制方法得到的网格

3.5.7 简化控制

简化控制应用于网格的收缩控制,在划分过程中系统会自动去除一些模型上的狭小特征,如边、狭窄区域等,但该方法只针对点和边有效,对面和体无效,且不支持直角笛卡尔网格。

在专有网格划分平台的"Outline"窗口中右击"Mesh"选项,在弹出的快捷菜单中选择"Insert"→"Pinch"命令,弹出 Details of "Pinch"-Pinch 对话框,用于简化控制,如图 3-39 所示。

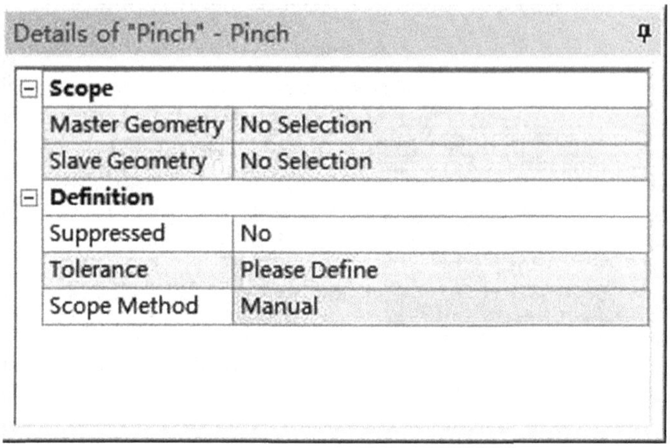

图 3-39　Details of "Pinch"-Pinch 对话框

对 Details of "Pinch"-Pinch 对话框中的部分选项说明如下。

(1)Master Geometry 选项:保留原几何形貌的几何体。

(2)Slave Geometry 选项:被改变的几何体,并移动到 master 中。

简化控制的操作过程如下。

Step 1 打开文件进入界面。选择"File"→"Open"命令,打开文件 3-5-7pinch. Wbpj,在项目列表中双击"Mesh"选项,进入 ANSYS 专有网格划分平台。

Step 2 选取命令。在专有网格划分平台的"Outline"窗口中右击"Mesh"选项,在弹出的快捷菜单中选择"Insert"→"Pinch"命令,弹出 Details of "Pinch"-Pinch 对话框。

Step 3 定义 Master Geometry 对象。单击"Master Geometry"后的文本框,选取图3-40中所示的边线 1,单击"Apply"按钮。

Step 4 定义 Slave Geometry 对象。单击"Slave Geometry"后的文本框,选取图 3-40 中所示的边线 2,单击"Apply"按钮。

Step 5 输入 Tolerance 值。在 Tolerance 文本框中输入 1。Tolerance 参数主要控制容差,此值不宜过小,以免对一些小的特征无法完全处理。

Step 6 单击"Update"按钮,完成网格划分。单击"Mesh"选项,查看结果,结果如图3-41所示。

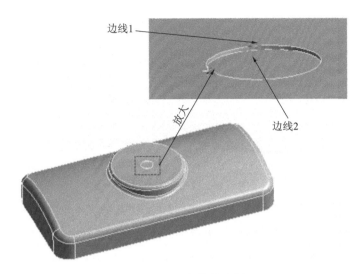

图 3-40 几何体的选择

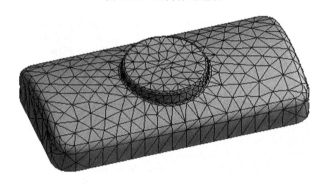

图 3-41 利用简化控制方法得到的网格

3.5.8 分层控制

分层控制用于生成沿指定边界法向的层状单元。当一些物理参数在边界层处的阶梯变化恒定时,为了精确地描述这些参数,往往需要进行分层网格控制。

在专有网格划分平台的"Outline"窗口中右击"Mesh"选项,在弹出的快捷菜单中选择"Insert"→"Inflation"命令,弹出 Details of "inflation"-Inflation 对话框,用于对分层网格进行控制。

Step 1 打开文件进入界面。选择"File"→"Open"命令,打开文件 3-5-8inflation. Wbpj,在项目列表中双击"Mesh"选项,进入 ANSYS 专有网格划分平台。

Step 2 选取命令。在专有网格划分平台的"Outline"窗口中右击"Mesh"选项,在弹出的快捷菜单中选择"Insert"→"Inflation"命令。

Step 3 定义划分对象。选取整个模型对象,在"Geometry"后的文本框中选择"Apply"按钮。

Step 4 定义边界对象,单击以激活"Boundary"后的文本框,选取图 3-42 中所示的模型表面,单击"Apply"按钮。

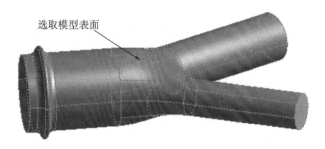

选取模型表面

图 3-42　模型表面的选取

Step 5 定义网格边界层数。在"Maximum Layers"后的文本框中输入数值 5。

Step 6 单击"Update"按钮,完成网格划分。单击"Mesh"选项,查看结果,为了看清内部分层网格,将模型进行剖分,结果如图 3-43 所示。

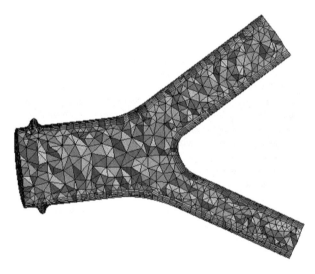

图 3-43　利用分层控制得到的网格

3.6　虚拟拓扑

任何一个导入 ANSYS Workbench 16.0 有限元分析环境中的几何体,表面都会存在一些边界线或内部边线。一般系统认为这些边界线是独立的,因为这些边界线的存在,在划分网格时,系统会受到边界的影响,从而在边界上产生节点。特别地,几何体内部过多的边线(或不合适的边线)会产生过多的内部节点,最终会影响网格划分结构甚至网格划分质量。另外,边界线将实体表面"分割"成一个个彼此独立的"表面",过多的表面对几何对象的选择不利,特别是在定义约束和载荷时有很大的影响。

虚拟拓扑用于对导入 ANSYS Workbench 16.0 有限元分析界面中的几何体(特别是外部导入几何体)进行简化与分割操作。一方面,可以简化或分割实体边界线和内部边线,从而在一定程度上减少内部节点,简化网格划分,提高网格质量;另一方面,对几何体中的边界线进行分割处理,能够很好地改善几何体网格划分的结构,从而得到更加合理的网格结构,也能在一定程度上提高网格划分的总体质量;此外还可以简化实体表面,从而提高选择内部几何对象的效率。

在 ANSYS Workbench 16.0 有限元分析界面中,单击顶部工具栏区域的"Virtual Topology"按钮,弹出如图 3-44 所示的 Virtual Topology 工具栏,用于对几何体进行虚拟拓扑操作。

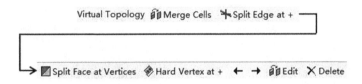

图 3-44　Virtual Topology 工具栏

3.6.1　虚拟拓扑基本操作——合并单元

下面介绍合并单元的一般操作方法。

Step 1 打开文件进入界面。选择"File"→"Open"命令,打开文件 3-6-1virtual_topology_01.Wbpj,在项目列表中双击"Mesh"选项,进入 ANSYS 专有网格划分平台。

Step 2 合并单元。在特征树中选择"Model"选项,单击顶部工具栏区域的"Virtual Topology"按钮,按住 Ctrl 键,选取图 3-45(a)所示的面组为对象,并单击 Virtual Topology 工具栏中的"Merge Cells"按钮,结果如图 3-45(b)所示。

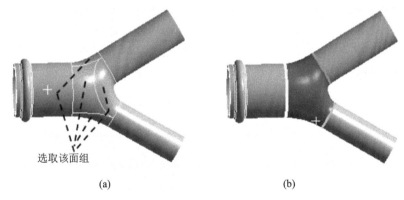

选取该面组

(a)　　　　　　　　　　　　(b)

图 3-45　合并单元
(a)面组选择;(b)单元合并结果

3.6.2　虚拟拓扑基本操作——在选中点处分割边

下面介绍在选中点处分割边的一般操作方法。

Step 1 打开文件进入界面。选择"File"→"Open"命令,打开文件 3-6-2virtual_topology_02.Wbpj,在项目列表中双击"Mesh"选项,进入 ANSYS 专有网格划分平台。

Step 2 定义分割。选取图 3-46(a)中所示的边线为对象,并单击 Virtual Topology 工具栏中的"Split Edge at ＋"按钮。

Step 3 编辑分割。选中要编辑的边(可通过点选的方式选择或通过 Virtual Topology 工具栏中的"←→"按钮选择要进行分割的边),然后单击 Virtual Topology 工具栏中的"Ed-it"按钮,在弹出的 Virtual topology Properties 对话框中的"Split Radio"文本框中输入 0.82 并按下 Enter 键,结果如图 3-46(b)所示。

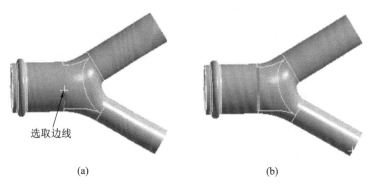

图 3-46 在选中点处分割边线
(a)选择要分割的边线;(b)分割结果

3.6.3 虚拟拓扑基本操作——在中点处分割边

下面介绍在中点处分割边的一般操作方法。

Step 1 打开文件进入界面。选择"File"→"Open"命令,打开文件 3-6-3virtual_topolo-gy_03.Wbpj,在项目列表中双击"Mesh"选项,进入 ANSYS 专有网格划分平台。

Step 2 定义分割。在特征树中选择"Virtual Topology"选项,选取图 3-47(a)中所示的边线为对象,单击 Virtual Topology 工具栏中的"Split Edge at ＋"按钮,此时该边被平均分割成两段,结果如图 3-47(b)所示。

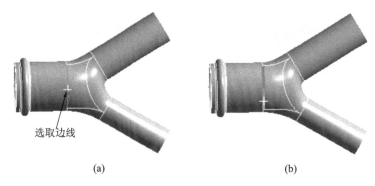

图 3-47 在中点处分割边线
(a)选择要分割的边;(b)分割结果

3.6.4 虚拟拓扑基本操作——在点处分割面

下面介绍在点处分割面的一般操作方法。

Step 1 打开文件进入界面。选择"File"→"Open"命令,打开文件 3-6-4virtual_topology_04.Wbpj,在项目列表中双击"Mesh"选项,进入 ANSYS 专有网格划分平台。

Step 2 定义分割。在特征树中选择"Virtual Topology"选项,按住 Ctrl 键,选中图 3-48(a)所示的两点为对象,单击 Virtual Topology 工具栏中的"Split Face at Vertices"按钮,结果如图 3-48(b)所示。

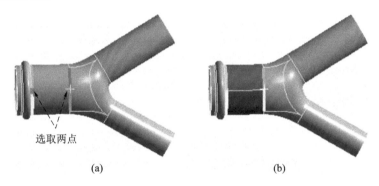

图 3-48　在点处分割面
(a)对象选择;(b)面分割结果

3.6.5　虚拟拓扑基本操作——创建分割点

下面介绍在面上创建分割点的一般操作方法。

Step 1 打开文件进入界面。选择"File"→"Open"命令,打开文件 3-6-5virtual_topology_05.Wbpj,在项目列表中双击"Mesh"选项,进入 ANSYS 专有网格划分平台。

Step 2 创建分割点。在特征树中选择"Virtual Topology"选项,选择要创建点的面,通过鼠标点选的方式选择要创建点的位置如图 3-49(a)所示,单击 Virtual Topology 工具栏中的"Hard Vertex at ＋"按钮,结果如图 3-49(b)所示。

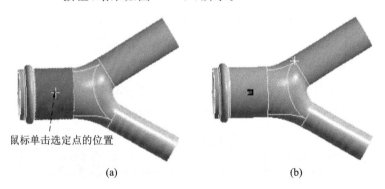

图 3-49　创建分割点
(a)用鼠标选择创建点在面上的位置;(b)创建结果

3.6.6　虚拟拓扑在网格划分中的应用

几何体模型上的拓扑结构会影响其网格划分,规则的拓扑结构可使网格划分更为规则。

在对一些几何体进行网格划分之前,可以先处理几何体上的拓扑结构,然后使用网格划分工具划分网格。

以图 3-50(a)所示的连杆零件模型为例,介绍虚拟拓扑在网格划分中的应用。在网格划分之前,先进行虚拟拓扑处理,得到如图 3-50(b)所示的虚拟拓扑结构,最后进行网格划分,得到如图 3-50(c)所示的网格。具体操作过程如下。

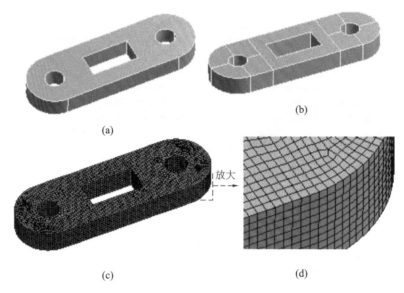

图 3-50   虚拟拓扑在网格划分中的应用
(a)原始模型;(b)拓扑处理后的模型;(c)划分经拓扑处理后的模型得到的网格;(d)局部放大图

Step 1 创建"Mesh"项目列表。在 ANSYS Workbench 16.0 界面中双击 Toolbox 工具箱中 Component System 区域中的"Mesh"选项,新建一个"Mesh"项目列表。

Step 2 导入几何体。在"Mesh"项目列表中右击"Geometry"选项,在弹出的快捷菜单中选择"Import Geometry"→"Browse"命令,选择文件 3-6-6virtual_mesh_.stp 并打开。

Step 3 进入 ANSYS 专有网格划分平台。在"Mesh"项目列表中双击"Mesh"选项,进入 ANSYS 专有网格划分平台。

Step 4 初步划分网格。在"Outline"窗口中右击"Mesh"选项,在弹出的快捷菜单中选择"Generate Mesh"命令,网格划分结果如图 3-51(a)所示。

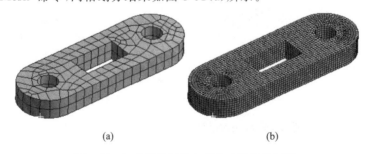

图 3-51   初步划分网格与修改参数后的网格
(a)系统默认方法得到的网格;(b)调整参数后得到的网格

Step 5　修改参数。在"Outline"窗口中单击选择"Mesh"选项,在 Details of "Mesh"对话框的"Relevance"文本框中输入数值 100;在 Sizing 区域的"Relevance Center"下拉列表中选择"Fine"选项,并在"Element"文本框中输入数值 10.0;单击"Update"按钮,此时的网格结果如图 3-51(b)所示。

Step 6　添加虚拟拓扑(分割边)。

(1)添加分割边。在"Outline"窗口中选择"Model"节点,单击顶部工具栏区域的"Virtual Topology"按钮,选取图 3-52(a)所示的边线位置,单击 Virtual Topology 工具栏中的"Split Topology"按钮。

(2)添加其余分割边。参照添加分割边的步骤,分别选取其余的 7 个对应分割位置(图 3-52(b)中标示了 5 个),单击"Split Edge at ＋"按钮对边进行分割操作。

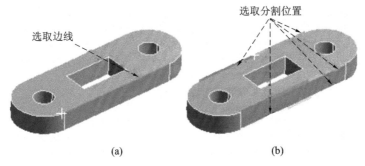

图 3-52　添加分割边

(a)选取分割边;(b)选取分割位置

(3)编辑分割参数。在 Virtual Topology Properties 对话框中单击"Split Ratio"后的文本框,输入数值 0.2 并按 Enter 键。

(4)编辑分割参数。在 Virtual Topology Properties 对话框中单击"Split Ratio"后的文本框,输入数值 0.75 并按 Enter 键。

(5)编辑其余分割参数。参照编辑分割参数的步骤,分别编辑其余分割边的分割位置参数为 0.2 或 0.75。

Step 7　添加虚拟拓扑(分割面)。

(1)创建分割面。在"Outline"窗口中选择"Virtual Topology"节点,按住 Ctrl 键,选取图 3-53(a)所示的两点为对象,单击 Virtual Topology 工具栏中的"Split Face Vertices"按钮,结果如图 3-53(b)所示。

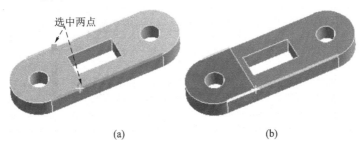

图 3-53　分割面

(a)分割点的选取;(b)最终分割结果

（2）定义其余分割面。参照创建分割面的步骤，分别选取其余面上的分割点对模型表面进行分割操作。

Step 8 单击"Update"按钮，完成网格划分。单击"Mesh"选项，查看结果，结果如图 3-50（c）所示。

3.7　网格质量检查

网格划分结束后，可以检查网格的质量，通常来说不同物理场和不同的求解器所要求的网格检查准则是不同的。在"Outline"窗口中单击"Mesh"选项，弹出如图 3-54 所示的 Details of "Mesh"对话框。

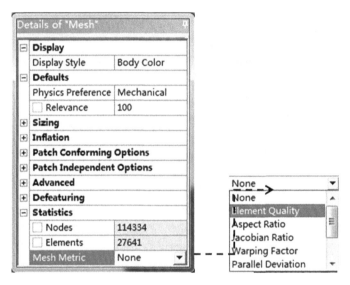

图 3-54　网格质量检查对话框

在 Statistics 区域的"Mesh Metric"下拉列表中选择一种检查准则，打开检查结果统计图表，如图 3-55 所示。

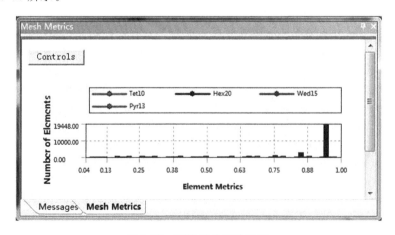

图 3-55　网格质量统计图表

对图 3-55 所示的检查结果统计图表做相关说明如下。

——◆—— Tet10 表示 10 节点的四面体单元,单击图表中对应颜色的柱状图,将在图形区域中显示所有的四面体单元,如图 3-56 所示;

——◆—— Hex20 表示 20 节点六面体单元;

——◆—— Wed15 表示 15 节点棱柱单元;

——◆—— Pyr13 表示 13 节点金字塔单元。

这些单元种类的查看方式与 10 节点四面体单元的查看方式相同。

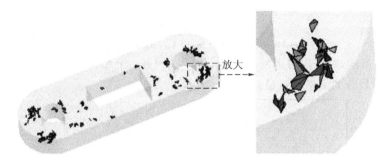

图 3-56　查看四面体单元

对于不同的分析项目,网格的检查标准也不一样,ANSYS Workbench 16.0 中包含多种网格质量检查准则。下面具体介绍各网格质量检查准则。

1. Element Quality(单元质量检查)

这是一种比较通用的网格质量检查准则。1 表示完美的立方体或者正方体;0 表示 0 体积或负体积。

2. Aspect Ratio(纵横比)

选择此选项后,在信息栏中会打开如图 3-57 所示的检查结果统计图表。

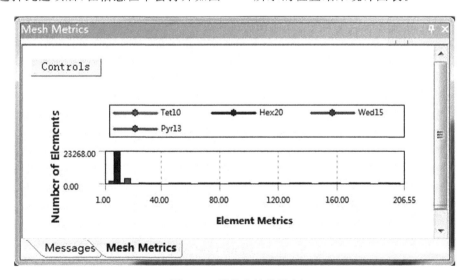

图 3-57　纵横比统计图表

如图 3-58 所示,对于三角形网格来说,按法则判断,当 Aspect Ratio 值为 1 时,三角形为等边三角形,说明此时划分的网格质量最好。

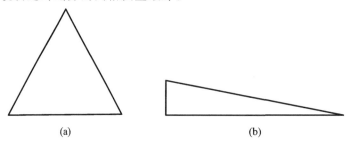

图 3-58　三角形纵横比

(a)Aspect Ratio 值为 1;(b)Aspect Ratio 值为 20

如图 3-59 所示,对于四边形网格来说,按法则判断,当 Aspect Ratio 值为 1 时,四边形为正方形,此时划分的网格质量最好。

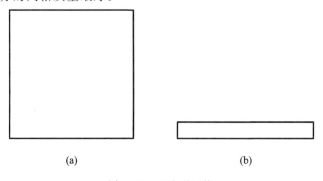

图 3-59　四边形网格

(a)Aspect Ratio 值为 1;(b)Aspect Ratio 值为 20

3. Jacobian Ratio(雅克比率)

雅克比率适应性较广,一般用于处理带有中间节点的单元,选择此选项后,在信息栏中会打开如图 3-60 所示的检查结果统计图表。

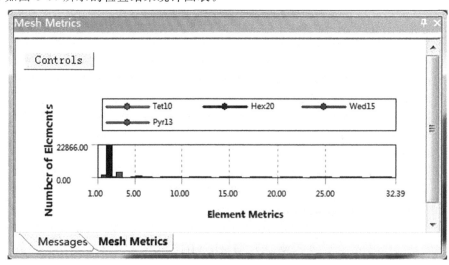

图 3-60　雅克比率统计图表

对于三角形单元,每个三角形的中间点都在三角形边的中点上,那么此时 Jacobian Ratio 为 1。图 3-61 所示的为 Jacobian Ratio 分别是 1、30、1000 时的三角形网格。

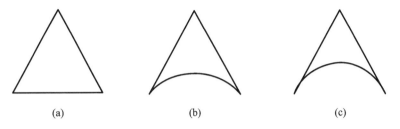

图 3-61　不同 Jacobian Ratio 下的三角形网格

(a)Jacobian Ratio 为 1;(b)Jacobian Ratio 为 30;(c)Jacobian Ratio 为 1000

对于任何一个矩形单元或者四边形单元,不管其是否有中间节点,Jacobian Ratio 都为 1。图 3-62 所示的为 Jacobian Ratio 分别是 1、30、1000 时的四边形网格。

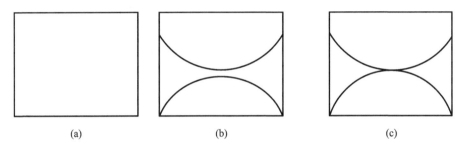

图 3-62　不同 Jacobian Ratio 下的四边形网格(1)

(a)Jacobian Ratio 为 1;(b)Jacobian Ratio 为 30;(c)Jacobian Ratio 为 1000

能够满足四边形单元或块单元的 Jacobian Ratio 为 1,需要保证所有的边都平行或者任何边上的中间节点都位于两个交点的中间位置。图 3-63 所示的为 Jacobian Ratio 分别是 1、30、1000 时的四边形网格,此时可以生成 Jacobian Ratio 为 1 的六面体网格。

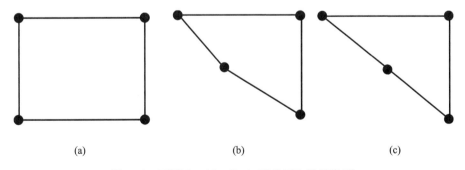

图 3-63　不同 Jacobian Ratio 下的四边形网格(2)

(a)Jacobian Ratio 为 1;(b)Jacobian Ratio 为 30;(c)Jacobian Ratio 为 1000

4. Warping Factor(翘曲因子)

Warping Factor 用于评估或计算四边形壳单元、带有四边形面的块单元(楔形单元以及金字塔单元)等,高扭曲系数表明单元控制方程不能较好地控制单元,需要重新划分网格。选择此选项后,在信息栏会打开如图 3-64 所示的检查结果统计图表。

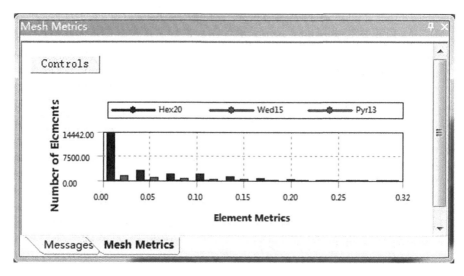

图 3-64　翘曲因子统计图表

图 3-65 所示的是二维四边形壳体单元的 Warping Factor 逐渐增加的网格变形图形,从图中可知 Warping Factor 由 0.0 增大至 2.0 的过程与网格的扭曲程度成正比。

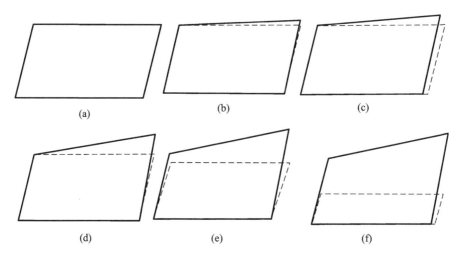

图 3-65　不同 Warping Factor 下的四边形网格

(a)Warping Factor 为 0.0;(b)Warping Factor 为 0.01;(c)Warping Factor 为 0.04
(d)Warping Factor 为 0.1;(e)Warping Factor 为 1.0;(f)Warping Factor 为 2.0

5. Parallel Deviation(平行偏差)

通过对边矢量的点进行计算,可利用其中的余弦值求出两边的最大夹角,其中 Parallel Deviation 为 0 最好,表明两对边平行。选择此项后,在信息栏中会打开如图 3-66 所示的检查结果统计图表。

图 3-67 所示为 Parallel Deviation 值从 0 变化到 170 时的二维四边形单元变化图形。

6. Maximum Corner Angle(最大转弯角)

Maximum Corner Angle 用于计算最大角度。对于三角形而言,60°最好且为等边三角

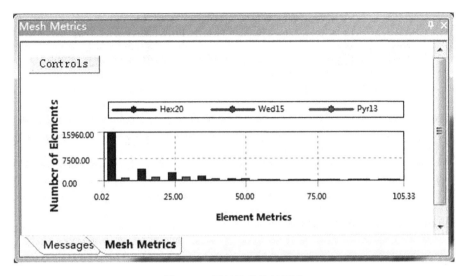

图 3-66　平行偏差统计图表

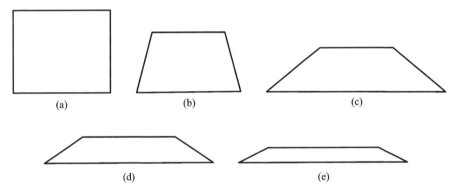

图 3-67　不同 Parallel Deviation 下的四边形网格

（a）Parallel Deviation 值为 0；（b）Parallel Deviation 值为 70；（c）Parallel Deviation 值为 100

（d）Parallel Deviation 值为 150；（e）Parallel Deviation 值为 170

形；对于四边形而言，90°最好且为矩形。

3.8　本章小结

本章讲解了 ANSYS Workbench 16.0 软件的 Mesh 网格划分模块，包括全局网格控制、局部网格控制、网格划分方法、拓扑工具的使用等内容，并通过典型案例对网格划分的一般步骤进行了详细的讲解。通过本章的学习，读者应熟悉常规的网格划分方法并通过加强练习积累网格划分经验。

第4章 Workbench 求解处理

在 ANSYS Workbench 16.0 中 Mechanical 是用来进行网格划分及结构和热分析的。本章首先介绍 Mechanical 的工作环境、前处理，然后介绍如何在模型中施加载荷及约束等内容，最后介绍结果后处理等内容。具体的结构分析以及热分析等操作内容会在后面的章节中分别进行讲解。

4.1 Mechanical 基本操作

ANSYS Workbench 16.0 中的 Mechanical 是利用 ANSYS 的求解器进行网格划分及结构和热分析的。

4.1.1 关于 Mechanical

ANSYS Workbench 16.0 中 Mechanical 可以提供的有限元分析如下。

(1)结构(静态和瞬态):线性和非线性结构分析。

(2)动态特性:模态、谐波、随机振动、柔体和刚体动力学。

(3)热传递(稳态和瞬态):求解热流和温度场等。温度由导热系数、对流系数及材料决定。

(4)磁场:执行三维静磁场分析。

(5)形状优化:使用拓扑优化技术显示可能发生体积减小的区域。

注意:Mechanical 中可实现的可用功能是由用户的 ANSYS 许可文件决定的,根据许可文件的不同 Mechanical 可实现的功能会有所不同。

ANSYS-Mechanical 的基本分析步骤如下。

(1)准备工作:确定分析类型(静态、模态等)、构建模型、确定单元类型等。

(2)预处理:包括导入几何模型、定义部件材料特性、模型网格划分、施加负载和支撑、设置求解结果。

(3)求解模型:对模型开始求解。

(4)后处理:包括结果检查和求解合理性检查。

ANSYS-Mechanical 的以上基本分析步骤是在一个单独的操作界面下进行的,下面介绍 Mechanical 的相关基本操作。

4.1.2 启动 Mechanical

在 ANSYS Workbench 16.0 中启动 Mechanical 的方法如图 4-1 所示,在 Workbench 主界面的项目管理区中,双击项目的 Model(模型)等栏目即可进入 Mechanical 操作环境。

注意:在 Geometry 中已建立几何图形,模型文件为导入的 CAD 文件,导入路径为"光

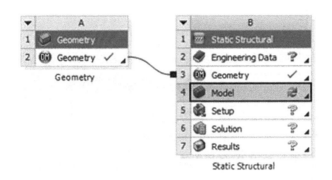

图 4-1　启动 Mechanical

盘\chapter04\youxiang. x_t",具体步骤在第 2 章已介绍。

4.1.3　Mechanical 操作界面

Mechanical 操作界面如图 4-2 所示,包括标题栏、菜单栏、工具栏、流程树、图形窗口、参数设置栏、信息窗口和状态栏等。

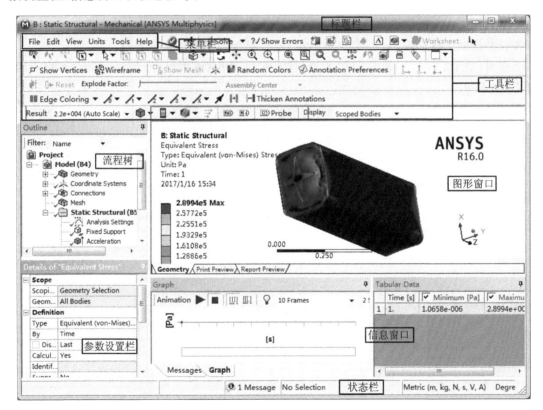

图 4-2　Mechanical 操作界面

注意:图 4-2 所示为求解处理后的界面,本章主要对求解处理界面的命令进行介绍,具体求解操作步骤会在后面的章节中详细介绍。

1. 标题栏与菜单栏

Mechanical 标题栏列出了采用的分析类型、产品名称以及 ANSYS 许可信息等内容,如图 4-3 所示,菜单栏提供了众多的分析功能,其中比较常用的菜单项包括以下 5 种。

图 4-3　标题栏与菜单栏

(1)File(文件):用来执行文件的相关操作,其中 Clear Generated Date(清除生成的数据)是用来删除网格划分或结果产生的数据库。

(2)Edit(编辑):用以执行分析项的编辑操作。

(3)View(视图):用以控制界面的显示项目。

(4)Units(单位):用以改变分析系统的单位。

(5)Tools(工具):用以进行系统设置。

(6)Help(帮助):进入帮助系统,从中获取相关帮助信息。

2. 工具栏

工具栏为用户提供了快速访问功能,当光标在工具栏按钮上时会出现功能提示,按住鼠标左键并拖动工具栏时,工具栏可以在 Mechanical 窗口的上部重新定位。

注意:对于 Context(索引)工具栏,根据当前 Outline(流程树)分支的不同,显示也不同,如图 4-4 所示。

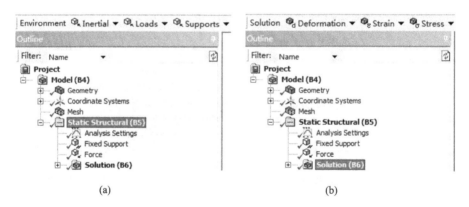

(a)　　　　　　　　　　　　　　(b)

图 4-4　工具栏的不同显示形式

(a)选择 Static Structural 后的工具栏;(b)选择 Solution 后的工具栏

(1)Standard(标准)工具栏:用于模型求解控制以及添加注释等操作,如图 4-5 所示。

图 4-5　标准工具栏

（2）Graphics（图形）工具栏：用于选择几何图形的操作，如图 4-6 所示。

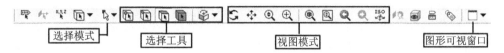

图 4-6　图形工具栏

注意：图形选择可以实现单个的选择或框选择，这主要由选择工具控制。

3. 流程树

流程树（outline）为用户提供了一个模型的分析过程，包括模型、材料、网格、载荷和求解管理等。

（1）Model（模型）：包含分析中所需的输入数据。

（2）Static Structural（静态结构）：包含载荷和分析有关边界条件。

（3）Solution（求解）：包含结果和求解相关信息。

流程树中所显示的图标的含义如表 4-1 所示。

表 4-1　流程树中图标的含义

图　　标	图　标　含　义	备　　注
✓	对号表明分支完全定义	
?	问号表示项目数据不完全（需要输入完整的数据）	
⚡	闪电表明需要解决	
⚡	感叹号意味着存在问题	
✗	叉号意思是项目抑制（不会被求解）	
✓	透明对号为全体或部分隐藏	
⚡	绿色闪电表示项目目前正在评估	
⊖	减号意味着映射面网格划分失败	
✗	斜线标记表明部分结构已进行网格划分	
⚡	红色闪电表明解决方案失败	

4. 参数设置栏

Details of"…"（参数设置栏）：包含数据的输入和输出区域，其设置内容的改变取决于所选定的流程树中的分支。参数的设置在此不做介绍，仅介绍该区域颜色的含义，如表 4-2 所示。

表 4-2　参数设置栏区域颜色的含义

颜　　色	颜　色　含　义	备　　注
白色区域	数据输入区域，该区域的数据可以进行编辑	
灰色（红色）区域	信息显示区域，该区域的数据不能被修改	
黄色区域	表示不完整的输入信息，该区域的数据显示信息丢失	

5. 图形窗口

图形窗口用来显示几何图形及分析结果等内容，另外还有列出工作表（表格）、HTML

报告,以及打印预览选项等功能。

6.信息窗口

信息窗口通常用来显示求解结果的图(graph)或表数据(tabular data)结果。

7.状态栏

状态栏中显示的通常为分析项目的单位、部件体的选择信息及求解分析过程中的提示信息等内容。

4.1.4 鼠标控制

在 ANSYS-Mechanical 中,正确使用鼠标可以加快操作速度,提高工作效率。下面介绍在 Mechanical 中如何更好地使用鼠标。

鼠标右键用来选择几何实体或控制曲线生成。可以选择的几何项目有顶点、边、面、体,可以进行视图的旋转、平移、放大、缩小、框放大等操作。

注意:操作工程需要结合前面的 Graphics(图形)工具栏进行相应的操作。

鼠标选取方式分为单个选取和框选取两种,其方法如下。

(1)在单个选取方式下,按住鼠标左键拖动可进行多选,也可以按住 Ctrl 键和鼠标左键来选取或不选多个实体。

(2)在框选模式下,从左向右拖动鼠标,选中完全在边界框内的实体;由右至左拖动鼠标,选中部分或全部在边界框内的任何实体。

在选择模式下鼠标中键提供了图形操作的捷径,如表 4-3 所示。

表 4-3 鼠标操作

鼠标组合使用方式	作 用	备 注
单击+拖拉鼠标的中键	动态旋转	
Ctrl+鼠标的中键	拖动	
Shift+鼠标的中键	动态缩放	
滚动鼠标中键	视图放大或缩小	
鼠标右键+拖拉	框放大	
右击,选择 Zoom to Fit	全视图显示	

4.2 材料参数输入控制

在 Workbench 中由 Engineering Data 全面控制材料属性,它是每项工程分析的必要条件。作为分析项目的开始,Engineering Data 可以单独打开。

4.2.1 进入 Engineering Data 应用程序

进入 Engineering Data 应用程序有以下两种方法。

(1)通过拖放或双击添加工具箱中的分析系统,然后双击"Engineering Data"选项。

(2)在分析项目 Engineering Data 上右击,在弹出的快捷菜单中选择"Edit…"(编辑)命令。

进入 Engineering Data 应用程序后,显示界面如图 4-7 所示,窗口中的数据是交互式层叠显示的。

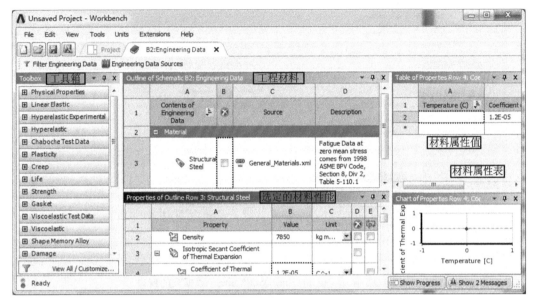

图 4-7 Engineering Data 应用程序界面

4.2.2 材料库

在 Engineering Data 应用程序窗口中右击,在弹出的快捷菜单中选择"Engineering Data Sources"(工程数据库),如图 4-8 所示,此时窗口会显示 Engineering Data Sources 数据表,如图 4-9 所示。

在 Engineering Data Sources 数据表中选择 A 列"Data Source"(数据源)后,在"Outline of General Materials"(基本材料列表)中会出现相应的材料库。

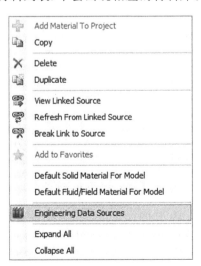

图 4-8 快捷菜单

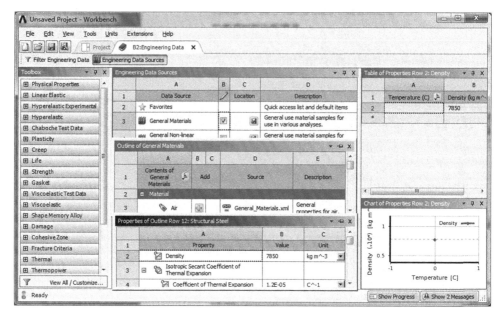

图 4-9 显示 Engineering Data Sources 数据表的窗口

材料库中保存了大量的常用材料数据,选中相应的材料后,在选定的材料性能中可以看到默认的材料属性值,该属性值可以进行修改,以符合选用的材料的特性。

对于 Engineering Data Sources 数据表,A 列"Data Source"(数据源)显示的为材料库清单,其中 A2 Favorites 中的材料在每个分析项目中都会存在,无须由材料库添加到分析项目。

B 列中,当复选框选中(　　)时,表示该材料库可以编辑,当复选框没有选中(　　)时,表示该材料库不可以编辑。

注意:需要修改材料属性时,现有的材料库必须要解锁,而且这是永久的修改,修改后的材料储存在该材料库中。对当前项目中的工程数据资料进行修改不会影响材料库。

C 列 Location(本地)中,当 B 列复选框没有选中(　　)时,可以浏览现有数据库或材料库的位置。

4.2.3 添加材料

将现有的材料库中的材料添加到当前分析项目中,需要在 Engineering Data 中的 Outline of General Materials 中单击材料后面对应 B 列中的　　(添加)按钮。此时在当前项目中定义的材料会被标记为　　,表明材料已经添加到分析项目中,返回到 Outline of Schematic。添加材料的过程如图 4-10 所示。

如果需要将材料添加到 Favorites 中,以便后续分析过程无须再添加此材料,只需在相应的材料上右击,然后在弹出的快捷菜单中选择"Add to Favorites"即可,如图 4-11 所示。

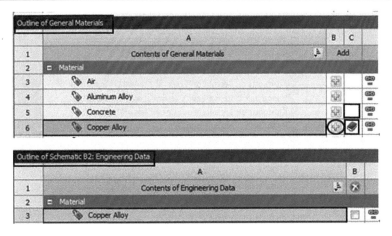

图 4-10 添加材料的过程

图 4-11 将材料添加到 Favorites

4.2.4 添加材料属性

在 Engineering Data 的工具箱中提供了大量的材料属性,通过工具箱可以添加现有的或新的材料属性。

工具箱中的材料属性包括 Physical Properties(物理特性)、Linear Elastic(线弹性)、Experimental Stress Strain Data(实验应力应变数据)、Hyperelastic(超弹性)、Creep(蠕变)、Life(寿命)、Strength(强度)、Gasket(衬垫)等,如图 4-12 所示。

对材料添加新属性的方法如下。

(1)在"工程材料"列表中选择材料库的存储路径。

(2)单击暗色 Click here to add a new material,在空白处输入材料的名称(如 New Ma-

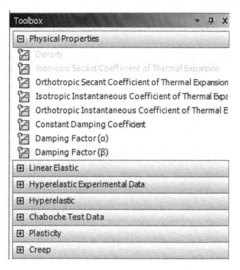

图 4-12　材料属性工具箱

terial)，对新材料进行标识。此时在列表中添加了一种没有任何属性的材料。

（3）在工具箱中双击或拖放新材料所需要的属性，将相应的材料性能添加到"材料性能"列表中去。

（4）此时添加的材料性能，没有数值，空白区显示为黄色，提示用户输入数值，如图 4-13 所示，在空白处输入属性的值。

（5）按照（3）、（4）的操作方法将项目分析中用到的材料性能添加到材料中去，如此即可创建一种新材料。

注意：根据项目分析的要求，按照上面的方法可以建立自己的材料库，方便在分析中应用。

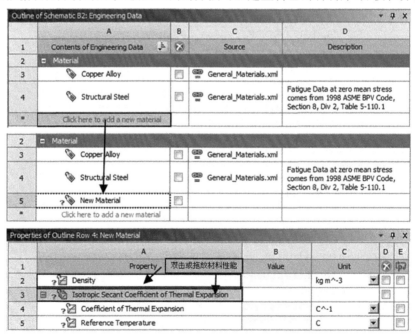

图 4-13　添加材料性能

4.3　Mechanical 前处理操作

在 Mechanical 前处理操作中,Outline(流程树)中列出了分析的基本步骤,Outline的更新直接决定了 Context(索引工具)、Details View 和 Graphics Window(图形窗口)的更新。

下面介绍 Outline 中的各分支选项的含义。

4.3.1　几何分支

Geometry(几何)分支选项给出了模型的组成部分,通过该分支选项可以了解几何体的相关信息。

1.几何体

在模拟分析的过程中,实体的体、面、部件(3D 或 2D)、只有面组成的面体、只有线组成的线体会被分析。

(1)实体。3D 实体是由带有二次状态的方程的高阶四面体或六面体实体单元进行网格划分的。2D 实体是由带有二次状态的方程的高阶三角形或四边形实体单元进行网格划分的。结构的每个节点含有 3 个平动自由度(DOF)或对热场有 1 个温度自由度。

(2)面体。面体是指几何上为 2D,空间上为 3D 的体素,是有一层薄膜(有厚度)的结构,厚度为输入值。面体通常由带有 6 个自由度的线性壳单元进行网格划分。

(3)线体。线体是指几何上为一维、空间上为三维的结构,是用来描述与长度方向相比较其他两个方向的尺寸很小的结构,截面的形状不会显示出来。线体由带有 6 个自由度的线性梁单元进行网格划分。

(4)多体部件体。在 DM 中可以有多体部件体存在,而在其他很多应用程序中,体和部件通常是一样的。多体部件体中共用边界的地方节点是共用的。如果节点是共享的,则不需要定义接触。

2.为体添加材料属性

在进行项目分析时需要为体添加材料属性,添加时先从流程树中选取体,然后在参数设置列表下的 Assignment 下拉菜单中选取相应的材料,如图 4-14 所示。

注意:新的材料数据在 Engineering Data 中添加和输入,在前面的章节中已经介绍,不再赘述。

4.3.2　坐标系

在 Mechanical 中 Coordinate Systems(坐标系)可用于网格控制、质量点、指定方向的载荷和结果等。坐标系通常默认不显示,可以在 Model 下进行添加得到,坐标系的相关参数如图 4-15 所示。

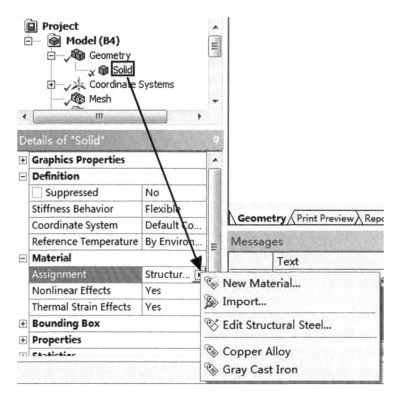

图 4-14　为体添加材料特性

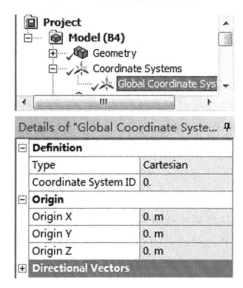

图 4-15　坐标系的相关参数

当模型是基于 CAD 的原始模型时，Mechanical 会自动添加 Global Coordinate Systems（整体坐标系）。同时也可以从 CAD 系统中导入 Local Coordinate Systems（局部坐标系）。

新的坐标系是通过单击坐标系工具栏上的 ✳ （创建坐标系）按钮创建的。在 Model 下选择坐标系之后坐标系工具栏中的按钮会高亮显示,如图 4-16 所示。

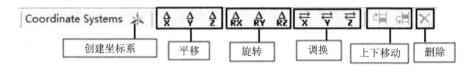

图 4-16　坐标系工具栏

局部坐标系的参数如图 4-17 所示,它有两种定义方式。

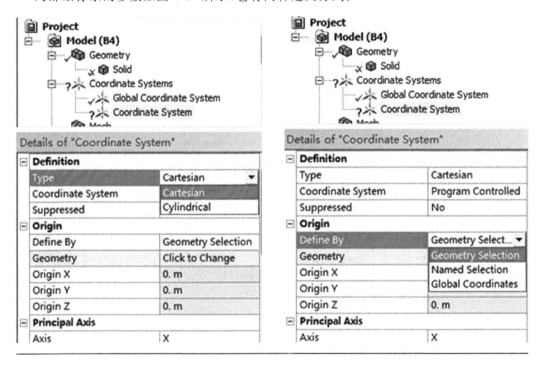

图 4-17　局部坐标系的参数

(1)选择几何(结合坐标系 Associative Coordinate System):坐标系会移动到几何模型上,它的平移和旋转都依赖于几何模型。

(2)指定坐标(没有结合坐标系 Non-Associative Coordinate System):坐标系将保持原有的定义,并独立于几何模型存在。

4.3.3　连接关系

当几何体存在多个部件时,需要确定部件之间的相互关系,在 ANSYS Workbench 16.0 中是通过 Connections(连接关系)来定义的。Connections(连接关系)可以通过 Contacts(接触关系)、Joints(关节连接)等来实现,用来确定部件之间的接触区域是如何相互作用的。当加入接触关系后,程序自动检测并添加接触关系,而其他连接关系则需要手工加入。

注意:在 Workbench 中若不进行接触或关节连接设置,部件之间不会相互影响,而多体部件不需要接触或关节连接。

在结构分析中,接触和关节连接可以防止部件的相互渗透,同时也提供了部件之间载荷传递的方法。在热分析中,接触和关节连接允许部件之间热传递。

1. 实体接触

在输入装配体时,Workbench 会自动检测接触面并生成接触对。临近面用以检测接触状态。接触探测公差是在 Connections 分支中进行设置的,如图 4-18 所示。

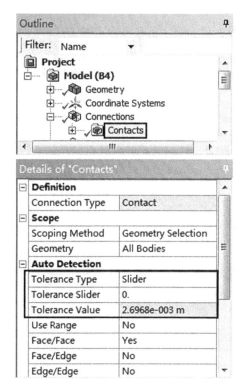

图 4-18 接触对

注意:接触使用的是二维几何体,某些接触允许表面到边缘、边缘到边缘和混合体/面接触。在进行分析之前需要检查生成的接触对是否符合实际情况,避免造成错误接触。

接触单元提供部件间的连接关系,每个部分维持独立的网格,网格类型可以不保持一致。

在模拟分析中,每个接触对都要定义接触面和目标面,接触区域的一个表面视作接触面(C),另一个表面即为目标面(T),接触面不能穿透目标面。

当一面被设计为接触面,另一面被设计为目标面时为非对称接触;如果两面互为接触面和目标面时称为对称接触。默认的实体组件间的接触是对称接触,根据需要可以将对称接触类型改为非对称接触。

注意:对于面边接触,面通常被设计为目标面而边则被指定为接触面。

ANSYS Workbench 16.0 中有 5 种可以使用的接触类型,分别为 Bonded(绑定接触)、No Separation(不分离接触)、Frictionless(无摩擦接触)、Frictional(摩擦接触)及 Rough(粗糙接触),如表 4-4 所示。

表 4-4　接触类型

Contact Type 接触类型	Iterations 迭代	Normal Behavior(Separation) 法向行为（分离）	Tangential Behavior(Sliding) 切向行为（滑移）
Bonded	1	No Gaps	No Sliding
No Separation	1	No Gaps	Sliding Allowed
Frictionless	Multiple	Gaps Allowed	Sliding Allowed
Rough	Multiple	Gaps Allowed	No Sliding
Frictional	Multiple	Gaps Allowed	Sliding Allowed

Bonded 和 No Separation 是线性接触并只需要一次迭代；Frictionless、Frictional 和 Rough 是非线性接触并需要多次迭代。

注意：在 Contacts 分支下单击某接触对时，与构成该接触对无关的部件会变为透明，以便观察。

2. 高级实体接触

选择 Contacts 分支下的某接触对时，会出现高级接触控制，高级接触控制可以实现自动检测尺寸和滑动、对称接触、接触结果检查、Pinball 区域控制等。实体接触参数如图 4-19 所示。

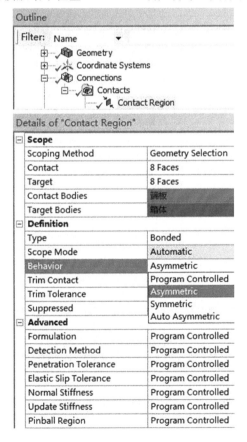

图 4-19　实体接触参数

其中 Pinball Region(Pinball 区域)表示接触探测区域,当接触间隙在 Pinball 半径内时会进行接触计算/检测。

模拟中可以使用的接触类和选项如表 4-5 所示。

表 4-5　接触类及选项

Contact Geometry 接触几何	Solid Body Face 实体面 (Scope=Contact)	Solid Body Edge 实体边 (Scope=Contact)	Solid Body Face 曲面 (Scope=Contact)	Surface Body Face 曲面上的边 (Scope=Contact)
Solid Body Face 实体面 (Scope=Target)	All types	Bonded,No Separation	Bonded,No Separation	Bonded only
	All formulations	All formulations	All formulations	MPC formulation
	Symmetry respected	Asymmetric only	Symmetry respected	Asymmetric only
Solid Body Edge 实体边 (Scope=Target)	Not supported for solving1	Bonded,No Separation	Not supported for solving1	Bonded only
		All formulations		MPC formulation
		Asymmetric only		Asymmetric only
Solid Body Face 曲面 (Scope=Target)	Bonded,No Separation	Bonded,No Separation	Bonded,No Separation	Bonded only
	All formulations	All formulations	All formulations	Augmented Lagrange,Pure Penalty,and MPC formulation
	Symmetry respected	Asymmetric only	Symmetry respected	Asymmetric only
Surface Body Face 曲面上的边 (Scope=Target)	Not supported for solving1	Bonded only	Not supported for solving1	Bonded only
		MPC formulation		Augmented Lagrange,Pure Penalty,and MPC formulation
		Asymmetric only		Asymmetric only

3. 关节连接

Joints(关节连接)用来模拟几何体中两点之间的连接关系,每一个点有 6 个自由度,两点间的相对运动由 6 个相对自由度描述,每个运动副的运动方向由关节参考坐标系的方向确定。

4. 点焊

Spot Weld(点焊)提供的是离散点接触组装方法,点焊通常是在 CAD 软件中定义,只有在 Mechanical 支持的 DM 和 Unigraphics 中可以定义点焊。关于点焊的相关问题在此不做讲解,请参考相关帮助文件。

4.3.4　网格划分

网格划分是 Mechanical 前处理必不可少的一步,可以说网格的好坏直接决定了结果的准确度。网格的划分较为复杂,本书在第 3 章进行了讲解,在此不再赘述。

4.3.5　分析设置

在 Mechanical 中 Analysis Settings 提供了一般的求解过程控制,具体可以在图 4-20 所示的 Details of "Analysis Settings"各分支中设置。

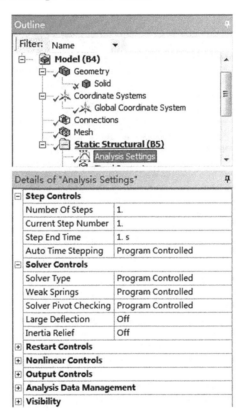

图 4-20　分析设置参数

1. Step Controls(求解步控制)

求解步控制包括人工时间步控制和自动时间步控制(auto time stepping)两种控制方式。

人工时间步控制需要指定分析中的分析步数目(number of steps)和每个步的终止时间(step end time)。

在静态分析中可以设置多个分析步,并一步一步地求解,终止时间被用作确定载荷步和载荷子步的追踪器。

注意:求解过程可以分各个分析步查看结果。在给出的 Tabular Data 里可以指定每个分析步的载荷值。求解完成后可以选择需要的求解步,右击选择"Retrieve This Result",即可查看每个独立步骤的结果。

2. Solver Controls(求解控制)

求解控制包括直接求解(ANSYS 中为稀疏矩阵法)和迭代求解(ANSYS 中为 PGC(预共轭梯度法))两种求解方式(默认的是 Program Controlled),另外可通过 Weak springs 设置尝试模拟得到无约束的模型。

3. Analysis Data Management(分析数据管理器)

分析数据管理器的相关参数设置如图 4-21 所示。

⊞	**Output Controls**	
⊟	**Analysis Data Management**	
	Solver Files Directory	C:\Users\Administrator\AppDa
	Future Analysis	None
	Scratch Solver Files ...	
	Save MAPDL db	No
	Delete Unneeded Files	Yes
	Nonlinear Solution	No
	Solver Units	Active System
	Solver Unit System	mks

图 4-21 分析数据管理器的相关参数

(1)Solver Files Directory:给出相关文件的保存路径。

(2)Future Analysis:指定求解中是否要进行后续分析(如预应力分析等),若在 Project Schematic 里指定了耦合分析,将自动设置该选项。

(3)Scratch Solver Files Directory:求解中的临时文件夹。

(4)Save MAPDL db:设置是否保存 ANSYS db 分析文件。

(5)Delete Unneeded Files:在 Mechanical APDL 中可以选择保存所有文件以备后用。

(6)Solver Units:包含 Active System(有效系统)和 Manual(手动设置)两个选项。

(7)Solver Unit System:如果以上设置是人工设置数,则当 Mechanical APDL 共享数据的时候,就可以选择 8 个求解单位系统中的任何一个来保证一致性。

4.4 施加载荷和约束

载荷和约束是 ANSYS Workbench 16.0 中 Mechanical 计算的边界条件,它们是以所选单元的自由度的形式定义的。

4.4.1　约束和载荷

在 Mechanical 中提供了以下 4 种类型的约束载荷。

(1)惯性载荷:专指施加在定义好的质量点(point masses)上的力,惯性载荷施加在整个模型上,进行惯性计算时必须输入材料的密度。

(2)结构载荷:指施加在系统零部件上的力或力矩。

(3)结构约束:限制部件在某一特定区域内移动的约束,也就是限制部件的一个或多个自由度。

(4)热载荷:施加热载荷时系统会产生一个温度场,使模型中发生热膨胀或热传导,进而在模型中进行热扩散。

注意:载荷和约束是有方向的,它们的方向分量可以在整体坐标系或局部坐标系中定义,定义的方法是在参数设置窗口中将"Define By"改为"Components",然后通过下拉菜单选择相应坐标系即可。

4.4.2　惯性载荷

惯性载荷(inertial)是通过施加加速度实现的,加速度通过惯性力施加到结构上,惯性力的方向与所施加的加速度方向相反。惯性载荷包括加速度(线性)、重力加速度及角速度等,如图 4-22 所示。

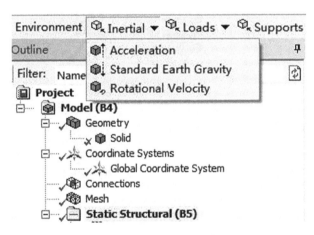

图 4-22　惯性载荷菜单

(1)加速度 [Acceleration]:该加速度指的是线性加速度,它施加在整个模型上。加速度可以定义为分量或矢量的形式。

(2)重力加速度 [Standard Earth Gravity]:重力加速度的方向定义为整体坐标系或局部坐标系中的一个坐标轴方向。

注意:重力加速度的值是定值,在施加重力加速度时需要根据模型所选用的单位制系统确定它的值。

(3)角速度 [Rotational Velocity]:指整个模型以给定的速率绕旋转轴转动,它可以以分量或矢量的形式定义,输入单位可以是 rad/s(默认选项),也可以是°/s。

4.4.3　力载荷

在 Mechanical 中,力载荷被集成到结构分析的 Loads(载荷)下拉菜单中,它是进行结构分析所必备的。必须掌握各载荷的施加特点,才能更好地将其应用到结构分析中去,力载荷的施加菜单如图 4-23 所示。

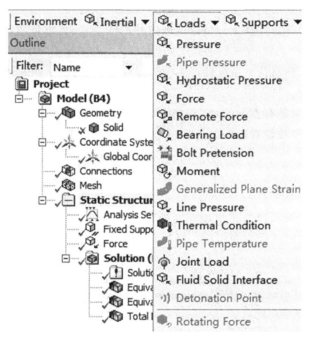

图 4-23　力载荷菜单

(1)压力|Pressure:该载荷以与面正交的方向施加在面上,指向面内为正,反之为负。

(2)静水压力|Hydrostatic Pressure:该载荷表示在面(实体或壳体)上施加一个线性变化的力,模拟结构上的流体载荷。流体可能处于结构内部,也可能处于结构外部。

注意:施加该载荷时,需要指定加速度的大小及方向、流体密度、代表流体自由面的坐标系,对于壳体,还提供了一个顶面/底面选项。

(3)集中力|Force:集中力可以施加在点、边或面上。它将均匀地分布在所有实体上,单位是质量与长度的乘积比上时间的平方。集中力可以以矢量或分量的形式定义。

(4)远程载荷|Remote Force:指给实体的面或边施加一个远离的载荷。施加该载荷时需要指定载荷的原点(附着于几何上或用坐标指定),该载荷可以以矢量或分量的形式定义。

(5)轴承负载(集中力)|Bearing Load:指使用投影面的方法将力的分量按照投影面积分布在压缩边上。轴承负载可以以矢量或分量的形式定义。

注意:施加轴承载荷时,不允许出现轴向分量;每个圆柱面上只能使用一个轴承负载。在施加该载荷时,若圆柱面是断开的,一定要选中它的两个半圆柱面。

(6)螺栓预紧力|Bolt Pretension:指给圆柱形截面上施加预紧力以模拟螺栓连接,包括预紧力(集中力)或调整量(长度)。在使用该载荷时需要给物体在某一方向上的预紧力指定一

个局部坐标系。

注意:求解时会自动生成两个载荷步,LS1——施加预紧力、边界条件和接触条件; LS2——预紧力部分的相对运动是固定的,同时施加了一个外部载荷。

螺栓预紧力只能用于三维模拟,且只能用于圆柱形面体或实体,使用时需要精确的网格划分(在轴向上至少需要 2 个单元)。

(7)力矩载荷| Moment:对于实体,力矩只能施加在面上,如果选择了多个面,力矩则均匀地分布在多个面上;对于面,力矩可以施加在点上、边上或面上。当以矢量形式定义力矩时遵守右手螺旋法则。

(8)线压力| Line Pressure:线压力只能用于三维模型中,它是通过载荷密度的形式给一个边上施加一个分布载荷,线压力是单位长度上的载荷。

注意:线压力的定义方式有幅值和向量、幅值和分量方向(总体或者局部坐标系)、幅值和切向 3 种。

在 Workbench 中的载荷还有| Joint Load 及| Fluid Solid Interface 等,它们在应用中出现的概率较小,这里不做介绍,想了解它们的作用及施加方法,请查阅 Workbench 帮助等相关资料。

4.4.4　热载荷

热载荷| Thermal Condition 用于在结构分析中施加一个均匀温度载荷,施加该载荷时,必须制定一个参考温度。温度差的存在,会在结构中导致热膨胀或热传导。

4.4.5　常见约束

在模型中除了要施加载荷外,还要施加约束,约束有的时候也称之为边界条件,常见的约束如图 4-24 所示。其他在实际工程中用到的载荷请查阅相关帮助文件。

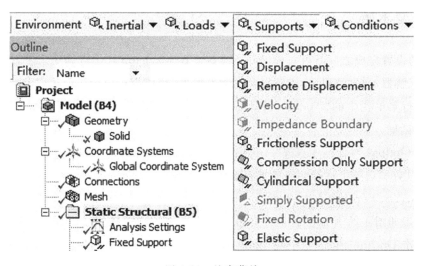

图 4-24　约束菜单

（1）固定约束|🔩 Fixed Support：用于限制点、边或面的所有自由度。对于实体限制 X、Y、Z 方向上的移动；对于面体和线体限制 X、Y、Z 方向上的移动及绕各轴的转动。

（2）位移约束|🔩 Displacement：用于在点、边或面上施加已知位移。该约束允许给出 X、Y、Z 方向上的平动位移（在自定义坐标系下），当为"0"时表示该方向是受限的，当为空白时表示该方向自由。

（3）弹性约束|🔩 Elastic Support：该约束允许在面、边界上模拟类似弹簧的行为，基础的刚度为使基础产生单位法向偏移所需要的压力。

（4）无摩擦约束|🔩 Frictionless Support：用于在面上施加法向约束（固定），对实体可用于模拟对称边界约束。

（5）圆柱面约束|🔩 Cylindrical Support：该约束是为轴向、径向或切向约束提供单独的控制，通常施加在圆柱面上。

（6）仅有压缩的约束|🔩 Compression Only Support：该约束只能在正常压缩方向上施加约束，它可以用来模拟圆柱面上受销钉、螺栓等的作用，求解时需要进行迭代（非线性）。

（7）简单约束|🔩 Simply Supported：可以将其施加在梁或壳体的边缘或者顶点上，用来限制平移，但是允许旋转并且所有的旋转都是自由的。

（8）转动约束|🔩 Fixed Rotation：可以将其施加在壳或梁的表面、边缘或者顶点上。与简单约束相反，它用来约束旋转，但是不限制平移。

在 Workbench 中的约束还有|🔩 Remote Displacement 及|🔩 Constraint Equation 等，它们在应用中出现的概率较小，这里不做介绍，想了解它们的作用及施加方法，请查阅 Workbench 帮助等相关资料。

4.5 模型求解

所有的设置完成之后就可对模型开始求解。在 Mechanical 中有两个求解器：直接求解器与迭代求解器，通常情况下，求解器是自动选取的，当然也可以预先设定求解器。

（1）执行菜单栏中的"Tools"（工具）→"Options"（选项）命令，如图 4-25 所示，会弹出 Options 对话框。

（2）在 Options 对话框中选择"Analysis Settings and Solution"选项，然后在对话框右侧的"Solver Type"选项下选择相应的求解方法即可，如图 4-26 所示。

在 ANSYS Workbench 16.0 的 Mechanical 中启动求解命令的方法有两种。

（1）单击如图 4-27 所示的标准工具箱里的"Solve"（求解）按钮，开始求解模型。

（2）右击 Outline（流程树）中的"Solution(A6)"分支，在弹出的快捷菜单中选择"Solve"（求解）命令，开始求解模型，如图 4-28 所示。启动求解后系统会弹出进度条，表示正在求解；求解完成后进度条自动消失，如图 4-29 所示。

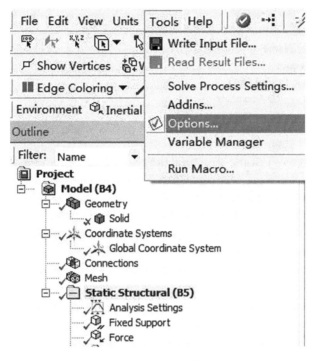

图 4-25　选项命令执行过程

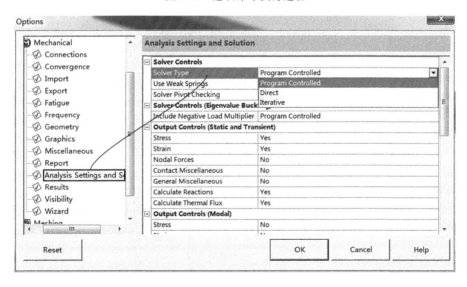

图 4-26　设置求解方法

图 4-27　工具栏中的求解命令

图 4-28   快捷键中的求解命令

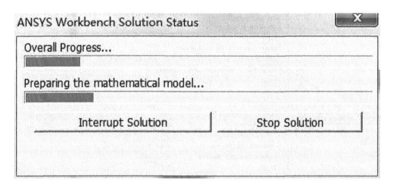

图 4-29   求解进度条

系统默认采用两个求解器进行求解。采用其他数量的求解器,可以通过下面的操作步骤进行设置。

(1)选择菜单栏中的"Tools"(工具)→"Solve Process Settings"(求解进程设置)命令,此时会弹出 Solve Process Settings 对话框。

(2)在对话框中单击"Advanced"(高级)按钮,会弹出 Advanced Properties 对话框。

(3)在对话框中"Max number of utilized cores"后的文本框中输入求解器的个数,由此即可对求解器个数进行设置,如图 4-30 所示。

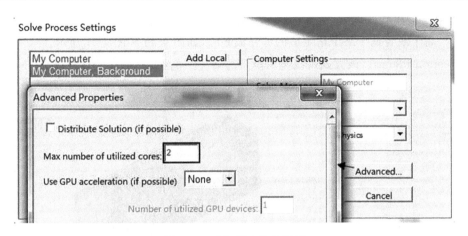

图 4-30　求解器个数的设置

4.6　后处理操作

Workbench 平台的后处理包括:查看结果、显示结果(scope results)、输出结果、坐标系和方向解、结果组合(solution combinations)、应力奇异(stress singularities)、误差估计、收敛状况等内容。

4.6.1　查看结果

当选择结果选项时,文本工具框就会显示该结果所要表达的内容,如图 4-31 所示。

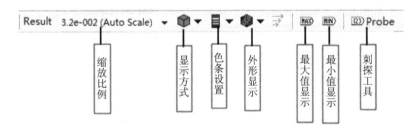

图 4-31　结果选项卡

(1)缩放比例。缩放比例可使结构分析(静态、模态、屈曲分析等)模型的变形情况发生变化。默认状态下,为了更清楚地看到结构的变化,比例系数自动被放大,用户可以改变为非变形或者实际变形情况,如图 4-32 所示。同时用户可以自己输入比例因子,如图 4-33 所示。

(2)显示方式。图 4-31 中几何形状(即图中标记出显示方式)的按钮控制云图显示方式,共有以下 4 种可供选择的选项。

①Exterior。该方式是默认的显示方式并且是最常使用的方式,如图 4-34 所示。

②IsoSurfaces。该方式对于显示相同的值域是非常有用的,如图 4-35 所示。

③Capped IsoSurfaces。该方式显示的是删除了模型的一部分之后的结果,删除的部分是可变的,高于或者低于某个指定值的部分被删除,如图 4-36 和图 4-37 所示。

④Section Planes。该方式可以显示模型的某一个剖面。

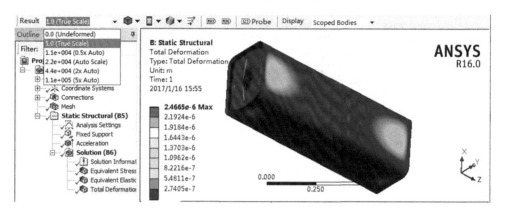

图 4-32   默认比例因子

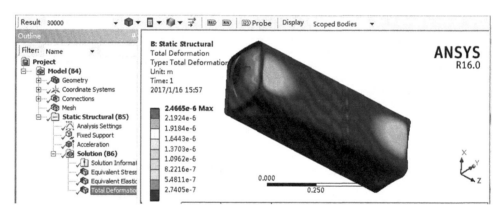

图 4-33   输入比例因子

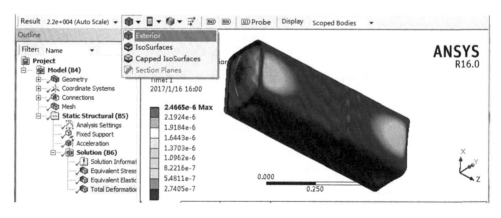

图 4-34   Exterior 方式

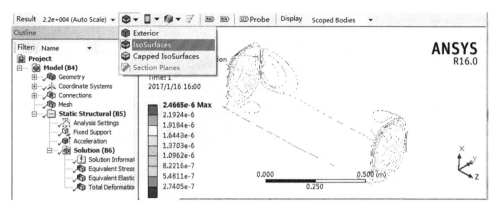

图 4-35 IsoSurfaces 方式

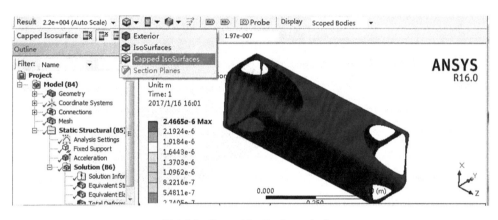

图 4-36 Capped IsoSurfaces 方式一

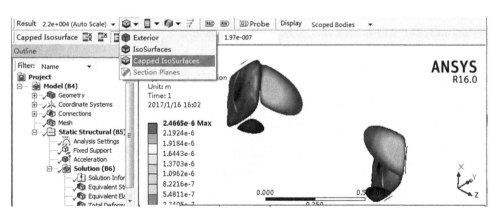

图 4-37 Capped IsoSurfaces 方式二

(3)色条设置。通过 Contour 按钮控制模型的云图显示方式共有以下 4 种可供选择的选项。

①Smooth Contours。光滑显示云图,颜色变化过渡光滑,如图 4-38 所示。

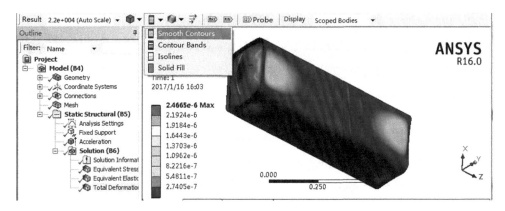

图 4-38 Smooth Contours 方式

②Contour Bands。云图显示有明显的色带区域,如图 4-39 所示。

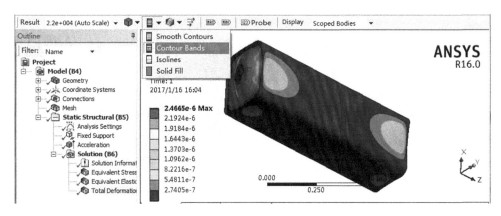

图 4-39 Contour Bands 方式

③Isolines。以模型等值线方式显示,如图 4-40 所示。

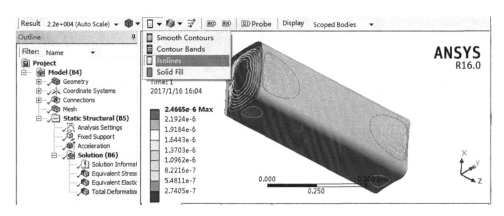

图 4-40 Isolines 方式

④Solid Fill。不在模型上显示云图,如图 4-41 所示。

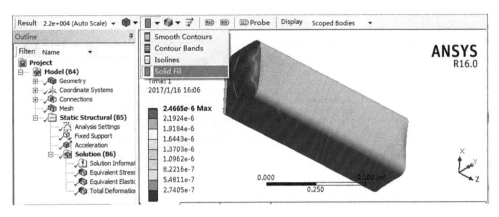

图 4-41　Solid Fill 方式

（4）外形显示。Edge 按钮允许用户显示未变形的模型或者划分网格的模型，共有以下 4 种可供选择的选项。

①No WireFrame。不显示几何轮廓线，如图 4-42 所示。

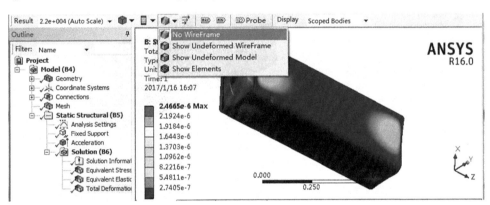

图 4-42　No WireFrame 方式

②Show Undeformed WireFrame。显示未变形轮廓，如图 4-43 所示。

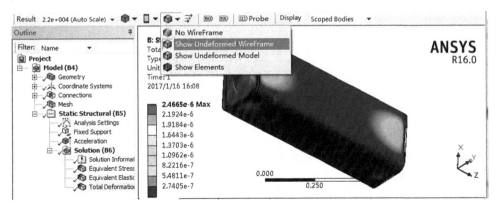

图 4-43　Show Undeformed WireFrame 方式

③Show Undeformed Model。显示未变形的模型，如图 4-44 所示。

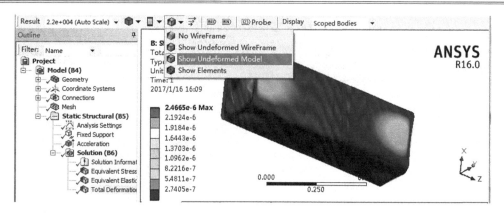

图 4-44　Show Undeformed Model 方式

④Show Elements。显示单元,如图 4-45 所示。

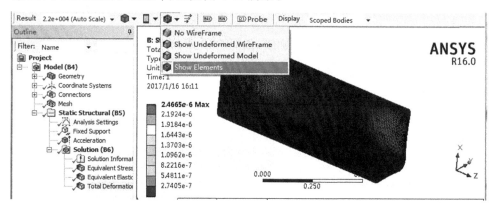

图 4-45　Show Elements 方式

(5)最大值、最小值与刺探工具。单击相应按钮,在图形中将显示最大值、最小值和刺探位置的数值。

4.6.2　结果显示

在后处理中,用户可以指定输出的结果。以静力计算为例,软件默认的输出结果有图 4-46 所示的一些类型,各自的命令以及其他分析结果请读者自行查看。

图 4-46　后处理结果的输出类型

4.6.3　变形显示

在 Workbench Mechanical 的计算结果中,可以显示模型的变形量,主要包括"Total"及"Directional"两种选项,如图 4-47 所示。

(1) **Total**（整体变形）。整体变形是一个标量,它由下式决定

$$U_{total} = \sqrt{U_x^2 + U_y^2 + U_z^2}$$

(2) **Directional**（方向变形）。包括 X、Y 和 Z 方向上的变形,它们是在"Directional"中

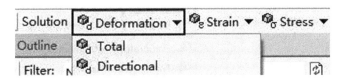

图 4-47　变形量分析选项

指定的,并显示在整体或局部坐标系中。

Workbench 中可以给出变形的矢量图,表明变形的方向,如图 4-48 所示。

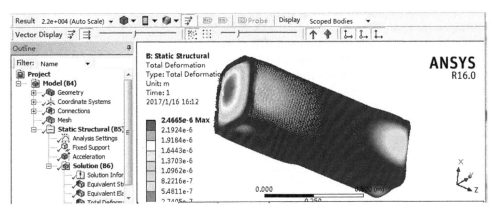

图 4-48　变形矢量形式

4.6.4　应力和应变

在 Workbench Mechanical 有限元分析中给出的应力 ⚙Stress 和应变 ⚙Strain 分析项,如图 4-49 和图 4-50 所示,这里"Strain"实际上指的是弹性应变。

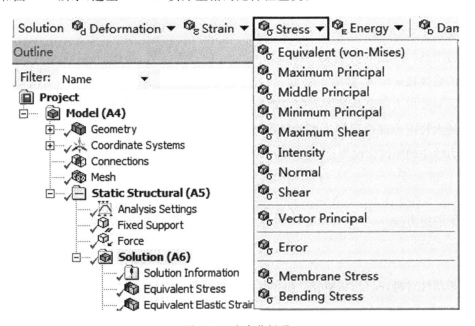

图 4-49　应力分析项

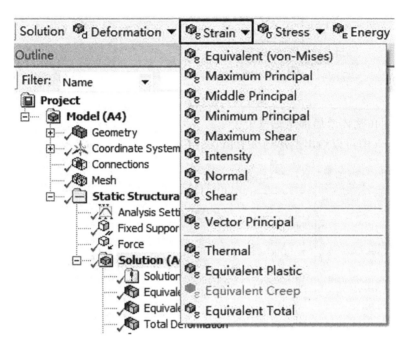

图 4-50　应变分析项

在分析结果中,应力和应变有 6 个分量(X、Y、Z、XY、YZ、XZ),热应变有 3 个分量(X、Y、Z)。对应力和应变而言其分量可以在"Normal"(X、Y、Z)和"Shear"(XY、YZ、XZ)下指定,而热应变是在"Thermal"中指定的。

由于应力为一张量,因此单从应力分量上很难判断出系统的响应。在 Mechanical 中可以利用安全系数对系统的响应做出判断,它主要取决于所采用的强度理论。使用每个安全系数的应力工具,都可以绘制出安全边界和应力比。

应力工具(stress tool)可以利用 Mechanical 的计算结果,操作时在"Stress Tool"下选择合适的强度理论即可,如图 4-51 所示。

最大等效应力理论及最大剪应力理论适用于塑性材料(ductile),Mohr-Coulomb 应力理论及最大拉应力理论适用于脆性材料(brittle)。其中最大等效应力 Max Equivalent Stress 为材料力学中的第四强度理论,定义为

$$\sigma_4 = \sqrt{\frac{1}{2}\left[(\sigma_1-\sigma_2)^2+(\sigma_2-\sigma_3)^2+(\sigma_3-\sigma_1)^2\right]}$$

最大剪应力 Max Shear Stress 定义为

$$\tau_{\mathrm{Max}} = \frac{\sigma_1-\sigma_3}{2}$$

对于塑性材料,τ_{Max} 与屈服强度相比可以用来预测屈服极限。

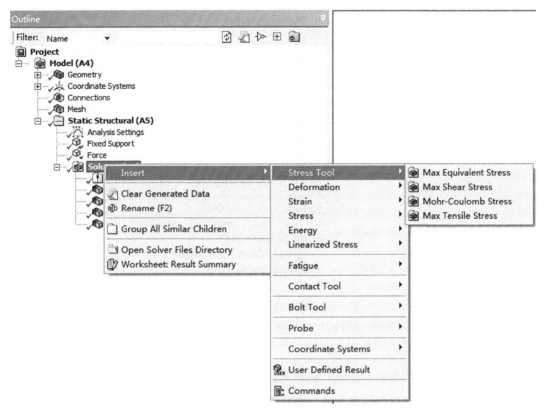

图 4-51　应力分析工具

4.6.5　接触结果

在 Workbench Mechanical 中，选择 Solution 菜单中的"Tools"→"Contact Tool"（接触工具）选项，如图 4-52 所示，可以得到接触分析结果。

图 4-52　接触分析工具

接触工具下的接触分析可以求解相应的接触分析结果，包括摩擦应力、接触压力、滑动距离等计算结果，如图 4-53 所示。为接触工具选择接触域有以下两种方法。

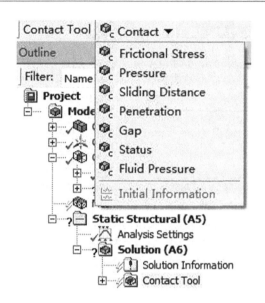

图 4-53　接触分析选项

（1）Worksheet view（details）：从表中选择接触域，包括接触面、目标面或同时选择两者。

（2）Geometry：在图形窗口中选择接触域。

关于接触的相关内容在后面有单独的介绍。

4.6.6　自定义结果显示

在 Workbench Mechanical 中，除了可以查看标准结果外，还可以根据需要插入自定义结果，可以包括数学表达式和多个结果的组合等。自定义结果显示有以下两种方式。

（1）选择 Solution 菜单中的"User Defined Result"，如图 4-54 所示。

图 4-54　Solution 菜单

（2）在 Solution Worksheet 中选中结果后右击，选择弹出的"Create User Defined Result"即可，如图 4-55 所示。

在自定义结果显示的参数设置列表中，表达式允许使用各种数学操作符号，包括平方根、绝对值、指数等，如图 4-56 所示。

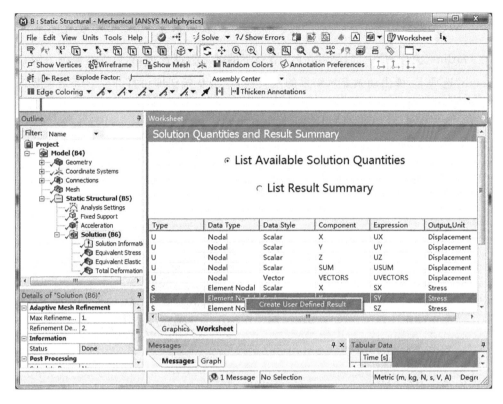

图 4-55　在 Solution Worksheet 中自定义结果显示

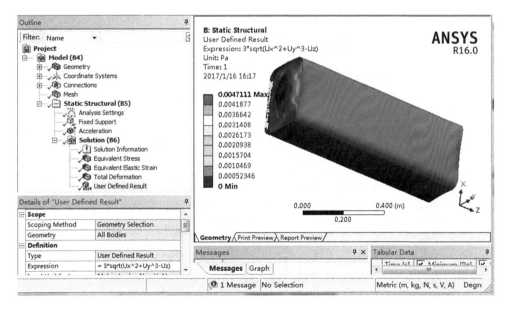

图 4-56　自定义结果显示

4.6.7 动画显示结果

在 Outline(流程树)中选择 Solution 节点下的结果数据选项,然后在右侧下方窗口中单击"Graph"选项卡,弹出动画显示结果的工具栏,单击▶按钮即可打开变形等结果数据的动态显示数据,如图 4-57 所示。

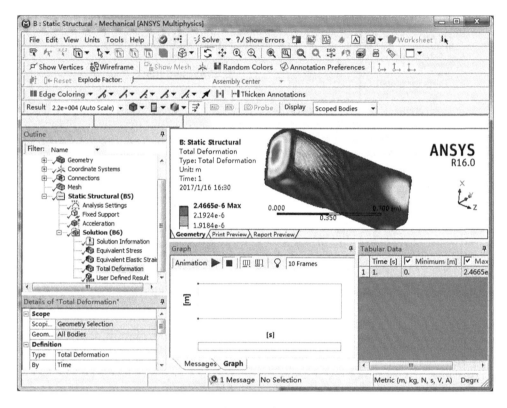

图 4-57 动画显示结果的工具栏

4.7 本章小结

本章通过插图的形式介绍了 Mechanical 的工作环境、前处理,之后介绍了如何在模型中施加载荷及约束等内容,最后对结果后处理中一些常用的功能及后处理方式进行了简要的概括。通过本章的学习,读者在后面的实例中可以自己动手完成一些相关的求解处理及设置,以加深对求解处理部分的了解。

第5章 静力学分析

5.1 静力学分析概述

静力学分析是有限元分析中最简单也是最基础的内容,熟练掌握静力学分析对以后有限元分析的学习会有极大的帮助。

静力学分析可以分为线性静力学分析和非线性静力学分析两大类,在 ANSYS Workbench 16.0 中使用 Static Structural 模块进行不同设置便可以完成线性及非线性静力学分析。当材料为线性材料,即其应力与应变呈线性变化关系、变形可以恢复、结构刚度不因变形而变化的时候,可以看作是线性分析;当材料不为线性材料,即其应力与应变因外界条件改变而出现非线性变化、结构因经历过大变形而导致非线性响应、材料或结构的状态变化影响刚度变化时,则为非线性分析。实际分析中,一般可先进行线性分析,再进行非线性分析,根据两种分析的结果确定最接近真实情况的分析,完成分析报告。

由经典力学理论可知物体的动力学方程有限元表达式为

$$[M]\{\ddot{x}\}+[C]\{\dot{x}\}+[K]\{x\}=\{F(t)\} \tag{5-1}$$

其中:

$[M]$——质量矩阵;

$[C]$——阻尼矩阵;

$[K]$——刚度矩阵;

$\{F(t)\}$——力矢量;

$\{x\}$——位移矢量;

$\{\dot{x}\}$——速度矢量,对位移矢量求一阶导数;

$\{\ddot{x}\}$——加速度矢量,对位移矢量求二阶导数。

对于线性静力学分析,上式可以简化为

$$[K]\{x\}=\{F\} \tag{5-2}$$

其中:

$[K]$——一个常量矩阵;

$\{F\}$——在模型上的静态加载,不再是与 t 相关的函数。

对于线性静力学分析,结构变形为线性变化,一般施加的力为静态载荷,不随时间的变化而变化,应变与应力呈线性变化,其最后导致的结构变形也是线性变化的结果。对于非线性静力学分析,结构变形为非线性变化,影响非线性变化的情况较多,需对相应变量一一设置。某些情况下一些影响较小的条件可以简化设置,这样可以节省最后计算所需时间并使求解结果更易收敛。

5.2 静力学分析流程

静力学分析是较为基础的有限元分析,但其中包含的内容十分丰富与复杂。针对不同的实际问题,进行不同的操作可以使得分析耗时更少、分析结果更准确。

实际分析中,需充分理解所要分析的问题,确定分析所需的材料特性、边界条件、载荷施加情况等,在不影响分析结果或对分析结果影响不大的前提下进行适当简化、优化分析过程,以更快更好地获得分析结果。静力学分析的一般步骤如下。

(1)简化模型。将工程问题的实际模型简化为分析的物理模型,根据所学知识结合实际分析目的,适当简化对分析无关或者对结果影响微弱的部分。

(2)创建分析系统。利用 Static Structural、Static Structural(ABAQUS)、Static Structural (Samcef)模块(这些都是静力学分析模块,对应不同的求解器,这也正是 ANSYS Workbench 16.0 功能强大的表现)进行静力学分析,如图 5-1 所示。

图 5-1 静力学分析模块

(3)定义工程材料数据。

(4)添加几何元件。复杂结构需要适当简化,可以在 Workbench 中进行简化,也可以在其他制图软件中简化好后直接导入。

(5)定义零件行为。

(6)定义连接关系。接触关系、关节部位、弹簧、梁连接等在静力分析中有效的连接关系。

(7)网格划分。针对不同的结构,采用不同的网格划分方式以获得最后的网格效果。

(8)创建分析设置。对简单线性行为无须设置,采用系统默认设置即可;对复杂分析则需要设置一些控制选项。

(9)施加载荷及约束。根据实际情况确定载荷的施加和设置等效的边界条件。

(10)设置所需求解项并求解。

(11)结果后处理。显示结果云图、表格、动画等。

5.3 实例1——悬臂梁受力分析

5.3.1 实例概述

建立一个边长为 10 mm、长 100 mm 的正方形梁,如图 5-2 所示,梁的材料为结构钢(其各项参数采用系统默认参数)。将该梁设置为悬臂梁,即固定该梁的一端,另一端不做约束。

在其自由端施加垂直于端面 500 N 的压力,求解并查看静力学分析结果;保持上述载荷不变,增添一个垂直于长度方向 100 N 的均布载荷,再次求解并查看静力学分析结果。读者可以通过前后对比分析结果的可靠性,也可以通过自行计算验证分析的准确性。

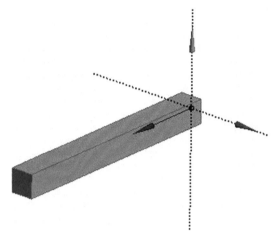

图 5-2　正方形梁

5.3.2　创建工作项目流程

打开 ANSYS Workbench 16.0,在 Toolbox 下的 Analysis Systems 中选取"Static Structural",双击或拖动到工作窗口中。Engineering Data 无须更改,其默认材料便为所需的结构钢,如图 5-3 所示。

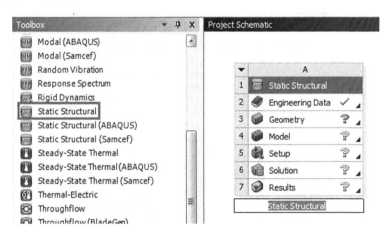

图 5-3　创建工作项目

5.3.3　绘制几何图形

双击 A3 单元格"Geometry"进入 DesignModeler。首先设置工具栏"Units"中单位为"Millimeter"(毫米)。在 XY 平面创建草图,绘制边长为 10 mm 的正方形,对该草图选择拉伸功能并设置拉伸长度为 100 mm,获得所需的正方形梁如图 5-4 所示。关闭 DesignModeler,返回 ANSYS Workbench 16.0 工作界面。

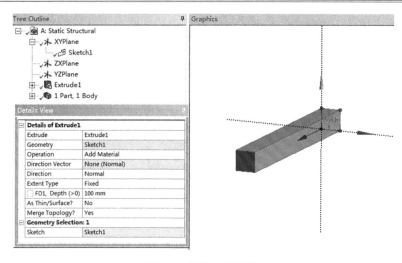

图 5-4   绘制正方形梁

5.3.4   网格划分

双击 A4 单元格"Model",进入 Mechanical,点击"Mesh",在 Details of "Mesh"对话框中将"Relevance"调至最大值 100,其他参数选项保持不变,如图 5-5 所示,然后右键点击"Mesh"选择"Generate Mesh"生成网格,如图 5-6 所示。

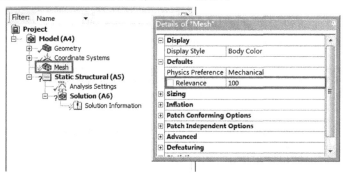

图 5-5   网格划分设置

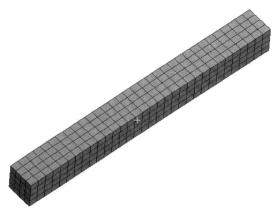

图 5-6   网格划分效果

　　由于此处模型较为简单，网格划分时间较短，为提高计算精确度使得结果更加接近真实情况，可以通过修改 Sizing 参数提高网格质量，增加网格数量，使得网格划分更为细致。此处可以将 Sizing 下的"Relevance Center"设置为"Fine"来提高网格质量，如图 5-7 所示。新的网格划分效果如图 5-8 所示。

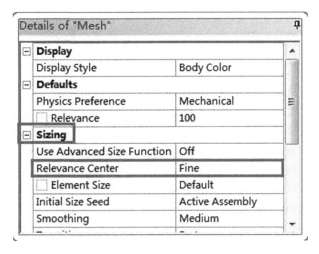

图 5-7　提高网格质量的设置

图 5-8　新的网格划分效果

5.3.5　施加约束与载荷

　　选择正方形梁的一端作为固定端，另一端则作为自由端施加载荷。左键单击"Static Structural(A5)"，在工具栏"Supports"下选择"Fixed Support"，"Geometry"选择正方形梁的一端面，如图 5-9 所示。

　　选择正方形梁的另一端施加载荷。在工具栏"Loads"下选择"Force"，"Geometry"选择正方形梁的另一端面，"Magnitude"设置施加的载荷为-500 N，即力与当前箭头方向相反、大小为 500 N，如图 5-10 所示。

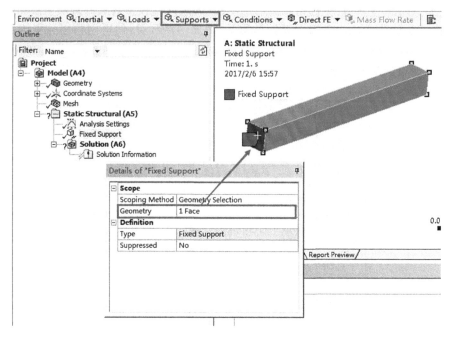

图 5-9　施加约束

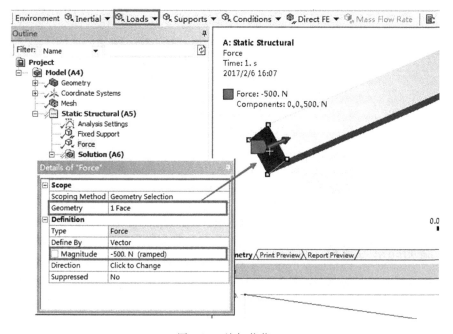

图 5-10　施加载荷

5.3.6　添加求解项并求解

求解梁在受力作用下的变形情况。左键单击"Solution(A6)",在工具栏"Deformation"下选择"Total",保持默认参数不变,如图 5-11 所示。右键单击"Solution(A6)",选择

"Solve"进行求解,如图 5-12 所示。

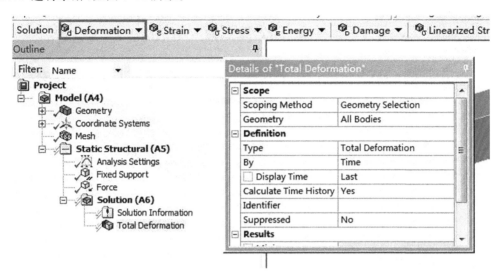

图 5-11　设置求解项

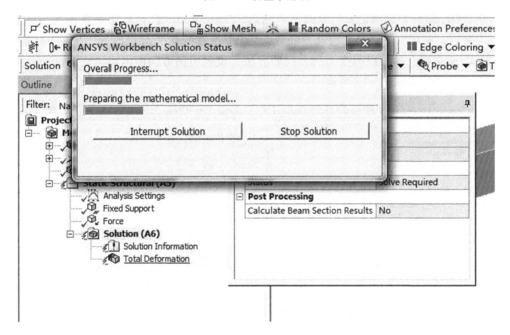

图 5-12　求解过程

5.3.7　查看求解结果

等待计算结束之后,左键单击"Solution(A6)"下的"Total Deformation",选择"Result"中"1.e+004(5x Auto)"的比例(此处只是放大图像变形的显示比例,并不影响实际变形变化,以便使用者对变形情况进行观察)观看结果图,如图 5-13 所示。由于此处的模型简单,载荷施加也较为简单,读者可以通过理论计算对比分析结果是否正确。

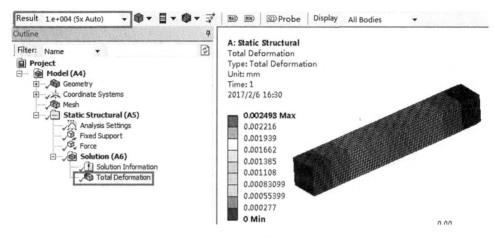

图 5-13   查看求解结果

5.3.8   再次施加载荷

此处增添一个垂直于正方形梁长度方向的载荷 100 N。在工具栏"Loads"下选择"Force","Geometry"选择正方形梁的一个侧面,"Magnitude"设置施加的载荷为 100 N,如图 5-14 所示。利用"Direction"控制力的方向,点击左右的箭头可以改变力的方向(相比上面的方式,这是第二种可以改变力的方向的方法),设置力的方向向内指向正方形梁的侧面,点击"Apply"确定,如图 5-15 所示。

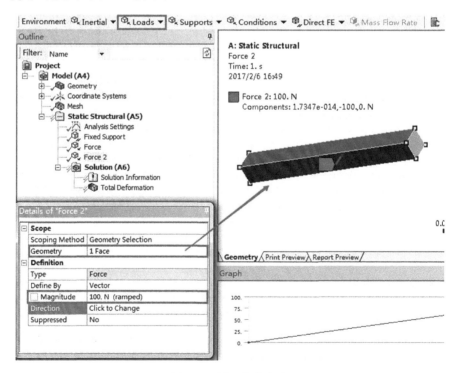

图 5-14   设置载荷大小

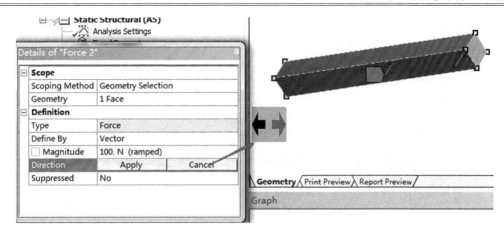

图 5-15　设置载荷方向

5.3.9　再次设置求解项并求解

　　求解梁在受力作用下的变形情况。此处增加设置 X、Y、Z 三个方向的变形求解项,左键单击"Solution(A6)",在工具栏"Deformation"下选择"Directional",保持默认参数不变,即 X 方向,重复操作,依次修改"Orientation"为 Y Axis、Z Axis,一共添加三个 Directional Deformation,如图 5-16 所示。

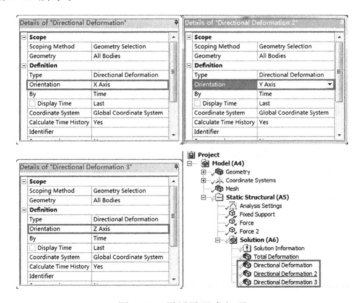

图 5-16　增添设置求解项

　　右键单击"Solution(A6)",选择"Solve"进行求解。

5.3.10　查看新的求解结果

　　求解结束后,分别左键单击四个求解项,查看求解结果。因为有两个不同方向的载荷施加,所以正方形梁的变形不局限于单一方向。除了总变形,还可以通过 X、Y、Z 三个方向观看各个方向上因受力而产生的变形。如图 5-17 所示,从左至右、从上至下,依次为总变形、X 方向变形、Y 方向变形、Z 方向变形。

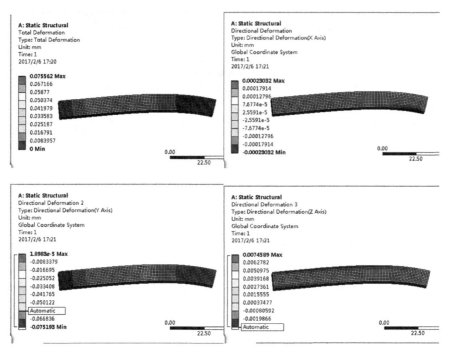

图 5-17 求解结果

5.3.11 保存结果

关闭 Static Structural,返回 ANSYS Workbench 16.0 工作主界面,在工具栏中点击保存文件,命名为 jinglixuefenxi-1,如图 5-18 所示,点击"保存"后便可以关闭程序。

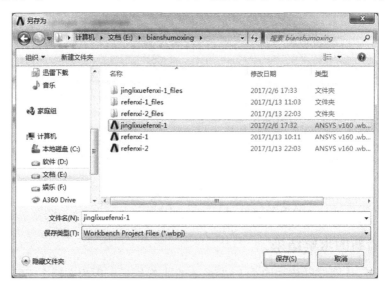

图 5-18 保存项目

5.4 实例2——汽车油箱模型的实例分析

5.4.1 实例概述

利用第2章的汽车油箱模型或导入一个油箱模型进行耐压分析,模拟油箱内部受35000 Pa 的压力,计算油箱变形。箱体的具体尺寸参数可参考第2章的汽车油箱模型建模或在导入的模型中查看,油箱材料选择不锈钢。

5.4.2 创建工作项目流程

打开 ANSYS Workbench 16.0,在 Toolbox 下的 Analysis Systems 中选取"Static Structural",双击或拖动到工作窗口中,如图5-19所示。

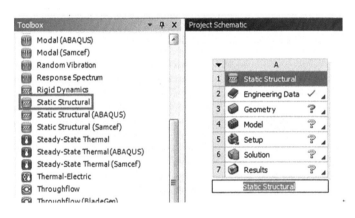

图 5-19 创建工作项目

5.4.3 定义工程材料

双击 A2 栏中的"Engineering Data"进入材料库,左键单击工具栏下方的"Engineering Data Sources"进入如图5-20所示界面,再在工作区域单击"Engineering Data Sources"框内的"General Materials",在"Outline of General Materials"框中拉动右侧进度条选择11号材料不锈钢"Stainless Steel",左键单击其右侧的 按钮,当右侧出现图标 时即为材料添加成功。此时再次左键单击工具栏下方的"Engineering Data Sources"回到如图5-21所示界面,单击工作区域中的"Stainless Steel",在其下方的"Properties of Outline Row 3:Stainless Steel"框中便可修改材料的相关系数(如果需要更改,可在此处进行材料参数修改,本例不需更改,维持系统默认参数即可)。关闭工具栏下方"A2:Engineering Data",返回至 ANSYS Workbench 16.0 工作主界面,如图5-22所示。

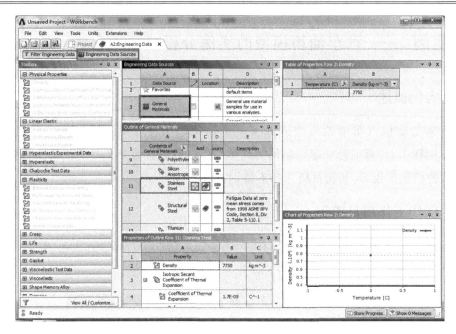

图 5-20　添加新材料

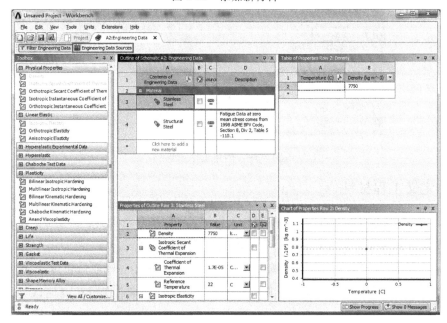

图 5-21　材料添加成功

图 5-22　关闭材料库界面

5.4.4　模型导入

双击 A3 单元格"Geometry"进入 DesignModeler。首先设置工具栏"Units"中单位为"Millimeter"(毫米),如图 5-23 所示。点击工具栏"File"中的"Import External Geometry File..."，选中文件 YouXiang.IGS,单击打开,如图 5-24 所示。加载完毕之后,在模型树中会出现"Import1",右击"Import1"选择"Generate(F5)"生成导入的模型,模型导入成功后,模型树如图 5-25 所示。关闭 DesignModeler,返回 ANSYS Workbench 16.0 工作主界面。

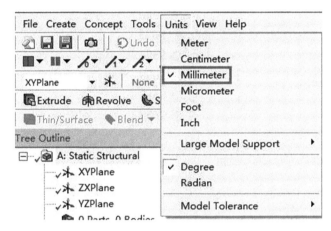

图 5-23　设置单位

图 5-24　导入油箱模型

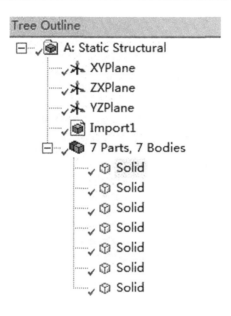

图 5-25　模型导入成功

5.4.5　网格划分

左键双击 A4 栏的"Model"进入 Static Structural-Mechanical 界面，如图 5-26 所示。待界面加载完成之后，首先右键单击"Mesh"选择"Generate Mesh"生成网格，此处进行初步网格划分。观看系统默认设置下的网格划分情况，再根据初步划分情况进行适当调整来提高网格划分质量，如图 5-27 所示。箱体及两扎带系统默认采用扫掠的方式进行网格划分，故网格为六面体网格，较为整齐规则。而两个端板由于结构相对复杂，无法采用扫掠的方式进行网格划分，故系统默认将其网格划分为四面体网格。

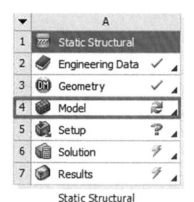

图 5-26　进入网格划分界面

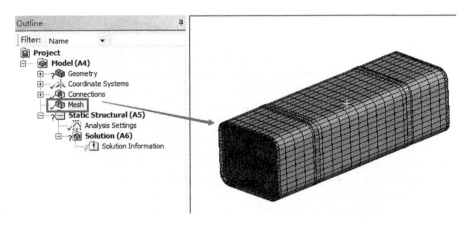

图 5-27 初步划分网格

参考 5.3 节的实例 1，为提高计算精确度使得结果更加接近真实情况，可以在 Details of "Mesh"对话框中将"Relevance"调至 50，并修改"Sizing"参数，将 Sizing 下的"Relevance Center"设置为"Fine"来提高网格质量，如图 5-28 所示。修改完毕之后，右键单击"Mesh"选择"Generate Mesh"生成网格，其结果如图 5-29 所示。

Details of "Mesh"	
Display	
Display Style	Body Color
Defaults	
Physics Preference	Mechanical
☐ Relevance	50
Sizing	
Use Advanced Size Function	Off
Relevance Center	Fine
☐ Element Size	Default
Initial Size Seed	Active Assembly
Smoothing	Medium
Transition	Fast
Span Angle Center	Coarse
Minimum Edge Length	1.e-003 m
⊞ **Inflation**	
⊞ **Patch Conforming Options**	
⊞ **Patch Independent Options**	
⊞ **Advanced**	

图 5-28 修改设置提高网格质量

从图 5-29 可以发现网格划分已经较为细致，但在保证计算结果准确性的前提下，可以通过更改设置以适当减少计算时间。此处通过设置 Sizing 下的"Use Advanced Size Function"来更改划分方法，将"Use Advanced Size Function"设置为"On：Curvature"，如图 5-30 所示。右键单击"Mesh"选择"Generate Mesh"再次生成网格，其结果如图 5-31 所示。与上

图 5-29　网格划分结果(1)

一次的划分相比,采用"On:Curvature"之后网格划分结果较为稀疏,即降低了网格数量,但这对计算结果的准确性不会产生过多影响,并可以适当地减少计算时间,避免计算时间过长、计算负担过大。

Details of "Mesh"	
Display	
Display Style	Body Color
Defaults	
Physics Preference	Mechanical
☐ Relevance	50
Sizing	
Use Advanced Size Function	On: Curvature
Relevance Center	Fine
Initial Size Seed	Active Assembly
Smoothing	Medium
Transition	Fast
Span Angle Center	Coarse
☐ Curvature Normal Angle	Default (63.9210 °)
☐ Min Size	Default (1.2824e-004 m)

图 5-30　设置新方法

选择 Details of "Mesh"窗口下的"Statistics"可查看网格划分结果,选中"Mesh Metric"→"Element Quality"进行单元质量查看,如图 5-32 所示。若网格数量和质量较为合适,可以进行下一步分析。

此处网格划分与 5.3 节的实例 1 不同,实例 1 是完整的长方体,故网格划分时系统会默认采用扫掠的方式划分网格,从而出现整齐且规则的六面体网格。本例同样为长方体油箱,但其两个端盖并非规则的立体图形,在网格划分时无法采用扫掠的方式进行划分,系统便会默认采用其他方式(如采用四面体网格形式划分)进行网格划分,故两个端盖的网格划分与

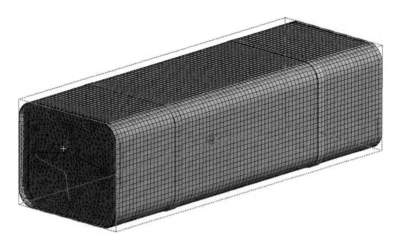

图 5-31 网格划分结果(2)

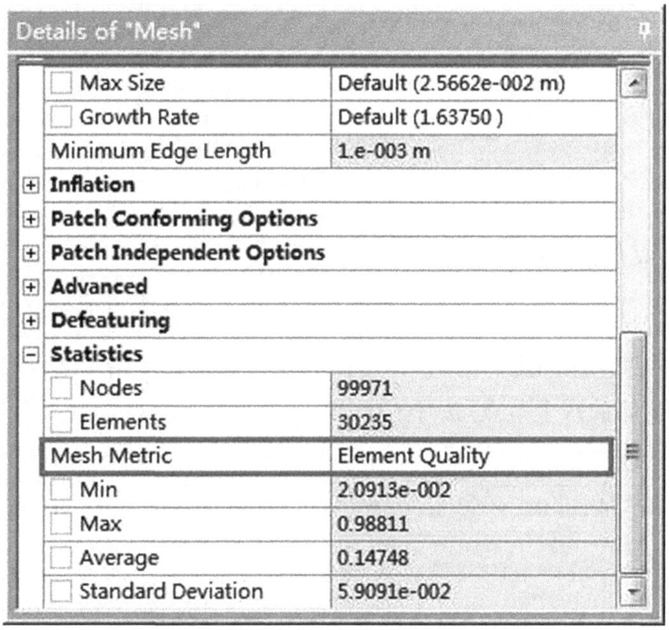

图 5-32 查看网格划分质量

实例 1 以及实例 2 中的其他部分不同。

5.4.6 添加材料

网格划分结束之后,左键单击"Geometry"下的"Solid",在 Details of "Solid"窗口下点击 "Assignment"右侧的 ► 按钮,在弹出的窗口中选择材料"Stainless Steel"(不锈钢),如图 5-33 所示。前面在材料库中新添加了材料"Stainless Steel",否则此处只有默认材料"Structural Steel"(结构钢)。重复当前操作,将另外的两个端板和两个扎带的材料统一定义为 "Stainless Steel"。

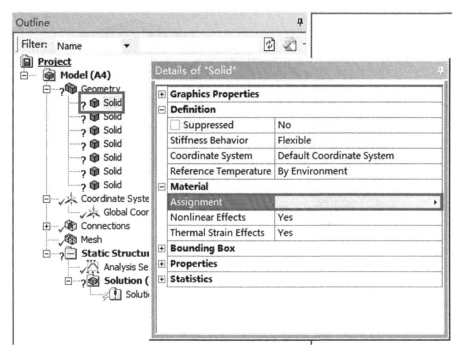

图 5-33 添加材料

5.4.7 施加约束与载荷

左键点击"Static Structural(A5)",在工具栏"Supports"下选择"Fixed Support",如图 5-34 所示。此处约束采用固定点约束,首先在上方工具栏处单击 图标进入点选择模式。"Geometry"选择油箱的八个节点,按住 Ctrl 键不放逐次点击箱体的八个节点(前后两个端盖对称选择节点),全部选中后点击"Apply"确认,如图 5-35 所示。

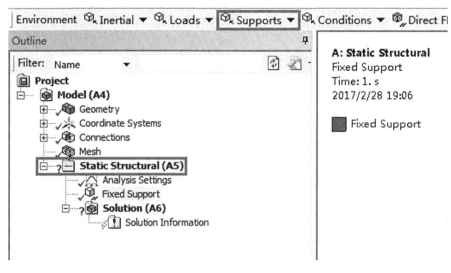

图 5-34 添加固定约束

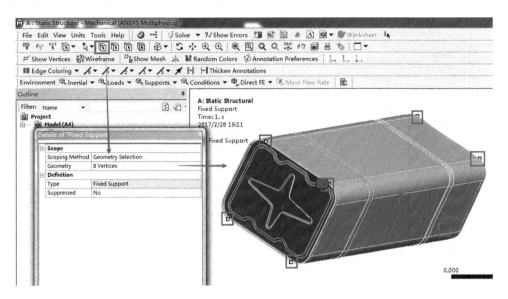

图 5-35　固定油箱的八个节点

施加完约束之后,进行载荷施加。因为载荷施加在箱体内部,此处为了选中箱体的内部表面,需采用剖面切割模型的方式才能点选到箱体的内部表面。首先选择工具栏中的▦图标,如图 5-36 所示。从模型中间进行分割,如图 5-37 所示,获得如图 5-38 所示的部分。之后在工具栏"Loads"下选择"Pressure",按住鼠标滚轮键调整模型视角,使得"Geometry"可以点选到箱体的内部表面,选中一个内部侧表面,设置"Magnitude"施加的载荷为 35000 Pa,如图 5-39 所示。

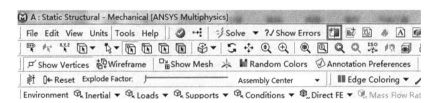

图 5-36　选择剖面模式

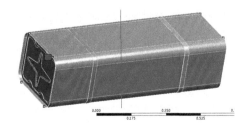

图 5-37　截面分割

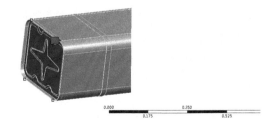

图 5-38　分割后所得部分

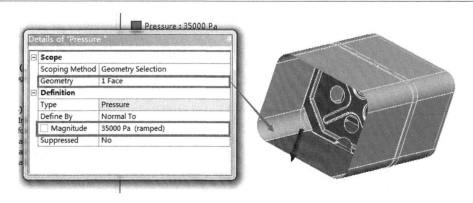

图 5-39　施加载荷

施加完载荷之后,在 Section Planes 窗口,选中所增加的分割平面,点击 ✖ 图标进行删除,模型恢复原样,如图 5-40 所示。

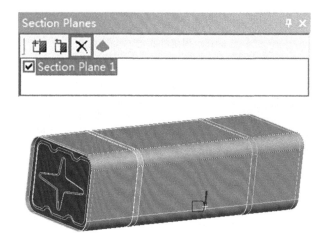

图 5-40　删除分割面

5.4.8　设置求解项并求解

求解箱体在受压作用下的变形情况,左键单击"Solution(A6)",在工具栏"Deformation"下选择"Total",保持默认参数不变,再选择"Directional",保持默认参数不变,即 X 方向。重复操作,依次修改"Orientation"为 Y Axis、Z Axis,一共添加一个 Total Deformation 和三个 Directional Deformation,如图 5-41 所示。右键单击"Solution(A6)",选择"Solve"进行求解,如图 5-42 所示。

5.4.9　查看求解结果

等待计算结束之后,左键点击"Solution(A6)"下的"Total Deformation",选择"Result"中"1.6(Auto Scale)"的比例(此处表示的是变形放大 1.6 倍的比例)观看结果图,如图 5-43 所示。此处也可以通过调整观看比例查看结果图,其结果只是放大变形的图像显示并不影响实际的计算结果。分别点击"Solution(A6)"下的"Directional Deformation""Directional

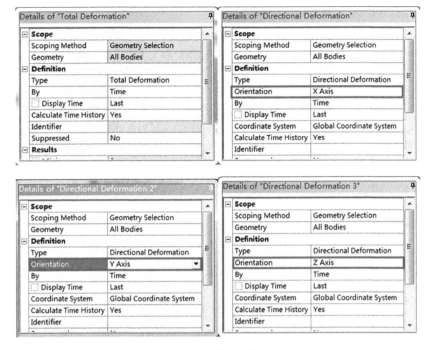

图 5-41　设置求解项

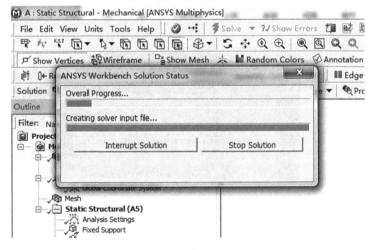

图 5-42　求解过程

Deformation 2""Directional Deformation 3"可以查看 X、Y、Z 方向上的变形情况,如图 5-44
至图 5-46 所示。

5.4.10　更改约束

采用箱体的八个节点约束箱体可以作为分析中的一种简化约束处理。但实际情况中一般很少有固定点的方式,此处实际是采用扎带固定箱体,故更改约束方式可使得计算结果更接近真实情况。

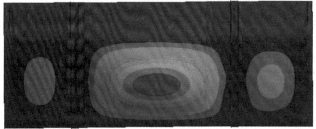

图 5-43　总变形图(1)

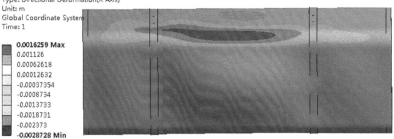

图 5-44　X方向变形图(1)

图 5-45　Y方向变形图(1)

图 5-46　Z方向变形图(1)

左键点击"Static Structural(A5)"下的"Fixed Support"。此处更改约束为固定面约束，首先在上方工具栏处单击 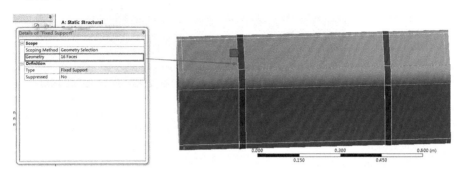 图标进入面选择模式。"Geometry"选择两条扎带的一共十六个外表面，按住 Ctrl 键不放逐次点击扎带的十六个外表面，全部选中后点击"Apply"确认，如图 5-47 所示。

图 5-47　设置面约束

5.4.11　再次求解并查看求解结果

右键单击"Solution(A6)"，选择"Solve"再次进行求解，结果如图 5-48 至图 5-51 所示。读者也可以将显示比例放大，方便观测变形。

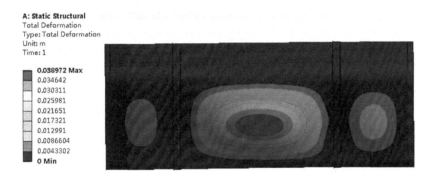

图 5-48　总变形图(2)

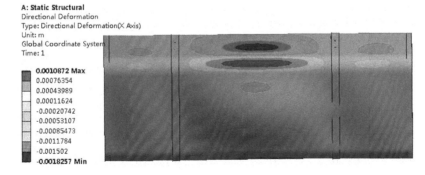

图 5-49　X 方向变形图(2)

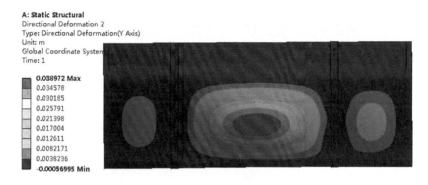

图 5-50　Y 方向变形图（2）

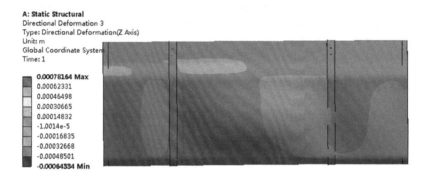

图 5-51　Z 方向变形图（2）

对比前后两次结果，可以发现固定面比固定点的变形量小，最大变形部位基本不变，但具体的变形情况和变形的大小都有改变，可见约束对计算变形会有直接影响。因为此处设定的是固定约束，即被约束部位无论是点、线还是面都是被固定死的，所以不发生位移变形。

5.4.12　重新施加载荷

修改箱体内部受力情况，使其内部所有表面都受到同样大小的压强，观察其变形情况。利用 5.4.7 节中相同的方法施加载荷。首先单击"Static Structural(A5)"，再选择工具栏中的 图标，从模型中间进行分割，之后在工具栏"Loads"下选择"Pressure"，按住鼠标滚轮键调整模型视角，使得"Geometry"可以点选到箱体的内部表面，按住 Ctrl 键依次选中各个内表面（第一次分割后选中所有可点选的表面后，删除分割平面，更换角度再次分割，再按住 Ctrl 键将之前没有选中的内表面选中，重复操作直至所有内表面选中，内部隔板表面不进行点选，总共有 22 个内表面），设置"Magnitude"施加的载荷为 35000 Pa，如图 5-52、图 5-53 所示。在"Section Planes"窗口，选中所增加的分割平面，点击 图标进行删除，模型恢复原样，如图 5-54 所示。

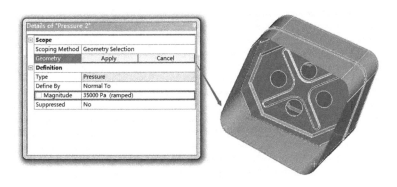

图 5-52　选中内表面

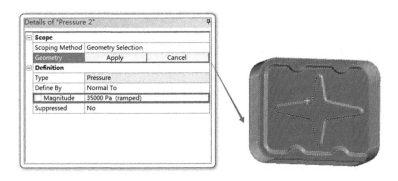

图 5-53　通过多次分割选中所有内表面

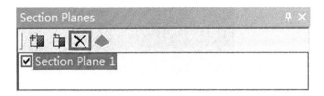

图 5-54　删除剖面

5.4.13　重新求解

求解之前,需要先删除之前的载荷,右键单击"Static Structural(A5)"下的"Pressure",选择"Delete"删除该载荷,如图 5-55 所示。

右键单击"Solution(A6)",选择"Solve"再次进行求解,结果如图 5-56 至图 5-59所示。

5.4.14　设置大变形求解

上述计算过程没有错误,但其变形量相对实际情况误差较大,此时可以通过设置大变形求解修正计算结果。左键单击"Static Structural(A5)"下的"Analysis Settings",在大变形"Large Deflection"中选择"on",如图 5-60 所示。

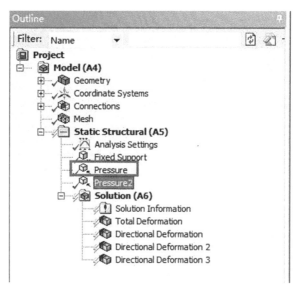

图 5-55　删除载荷

A: **Static Structural**
Total Deformation
Type: Total Deformation
Unit: m
Time: 1

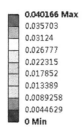

0.040166 Max
0.035703
0.03124
0.026777
0.022315
0.017852
0.013389
0.0089258
0.0044629
0 Min

图 5-56　总变形图(3)

A: **Static Structural**
Directional Deformation
Type: Directional Deformation(X Axis)
Unit: m
Global Coordinate System
Time: 1

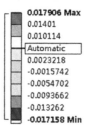

0.017906 Max
0.01401
0.010114
Automatic
0.0023218
-0.0015742
-0.0054702
-0.0093662
-0.013262
-0.017158 Min

图 5-57　X 方向变形图(3)

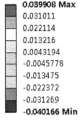
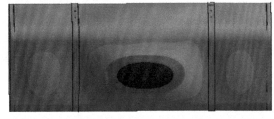

A: Static Structural
Directional Deformation 2
Type: Directional Deformation(Y Axis)
Unit: m
Global Coordinate System
Time: 1

```
0.039908 Max
0.031011
0.022114
0.013216
0.0043194
-0.0045778
-0.013475
-0.022372
-0.031269
-0.040166 Min
```

图 5-58 Y 方向变形图(3)

A: Static Structural
Directional Deformation 3
Type: Directional Deformation(Z Axis)
Unit: m
Global Coordinate System
Time: 1

```
0.0024843 Max
0.0019463
0.0014083
0.00087038
0.00033242
-0.00020554
-0.00074351
-0.0012815
-0.0018194
-0.0023574 Min
```

图 5-59 Z 方向变形图(3)

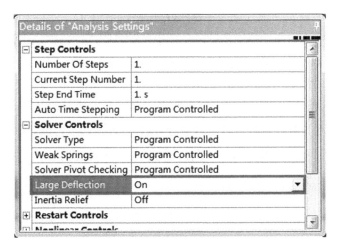

图 5-60 设置大变形求解

重新求解可以发现最大变形量变为了 0.0086371 m,较为接近真实情况。此处可参照之前的步骤进行操作。

以上便是模拟油箱内部冲压进行的耐压试验,两端变形量小也比较符合油箱结构,油箱箱体较长的结构决定了油箱的主要变形集中在箱体上。

5.4.15 保存结果

关闭 Static Structural,返回 ANSYS Workbench 16.0 工作主界面,在工具栏中点击保存文件,命名为 jinglixuefenxi-2,如图 5-61 所示,点击"保存"后便可以关闭程序。

图 5-61 保存结果

5.5 本章小结

本章通过两个实例介绍了 ANSYS Workbench 16.0 静力学分析的基本流程,对静力学分析中的一些关键点进行了强调,并对网格划分采用了不同的方式。此外,本章也详细介绍了约束和载荷的添加。在相同的载荷下不同的约束会有不同的结果,在相同的约束下不同的载荷也会有不同的结果。这说明了约束和载荷的施加与计算结果有直接关联。在有限元分析中,约束和载荷的施加即是在模拟实际情况。除了网格质量的好坏,施加的约束和载荷的好坏同样也能决定计算结果的好坏。

第6章 动力学分析

ANSYS Workbench 16.0 软件为用户提供了多种动力学分析工具,可以完成各种动力学现象的分析和模拟,包括模态分析、响应谱分析、随机振动分析、谐响应分析、线性屈曲分析、瞬态动力学分析及显式动力学分析,其中显式动力学分析由 ANSYS AUTODYN 及 ANSYS LS-DYNA 两个求解器完成。

本章将对 ANSYS Workbench 16.0 软件的模态分析模块和随机振动进行讲解,并通过典型应用对各种分析的一般步骤进行详细讲解,包括几何建模(外部几何数据的导入)、材料赋予、网格设置与划分、边界条件的设定和后处理操作。

6.1 模态分析简介

模态分析是计算结构振动特性的数值技术,结构振动特性包括固有频率和振型。模态分析是最基本的动力学分析,也是其他动力学分析的基础,如响应谱分析、随机振动分析、谐响应分析等都需要在模态分析的基础上进行。

模态分析是最简单的动力学分析,但有非常广泛的实用价值。模态分析可以帮助设计人员确定结构的固有频率和振型,从而使结构设计避免共振,并指导工程师预测在不同载荷作用下结构的振动形式。

此外,模态分析还有助于估算其他动力学分析参数,比如在瞬态动力学分析中为了保证动力响应的计算精度,通常要求在结构的一个自振周期有不少于 25 个计算点,模态分析可以确定结构的自振周期,从而帮助分析人员确定合理的瞬态分析时间步长。

6.1.1 模态分析概述

模态分析的好处在于可以使结构设计避免共振或者以特定的频率进行振动,工程师可以从中认识到结构对不同类型的动力载荷是如何响应的,有助于他们在其他动力学分析中估算求解控制参数。

ANSYS Workbench 16.0 的模态求解器有图 6-1 所示的几种类型,其中默认为程序自动控制类型(Program Controlled)。

除了常规的模态分析外,ANSYS Workbench 16.0 还可以进行含有接触的模态分析及有预应力的模态分析。

图 6-2 所示为在工具箱中存在的两种进行模态计算的求解器,其中项目 A 为利用 Samcef 求解器进行的模态分析;项目 B 为采用 ANSYS 默认求解器进行的模态分析。

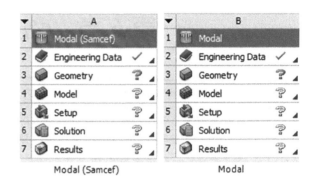

图 6-1　模态求解器类型　　　　　　　图 6-2　模态分析项目

6.1.2　模态分析基础

无阻尼模态分析是经典的特征值问题,动力学问题的运动方程为

$$[M]\{x''\}+[K]\{x\}=\{0\} \qquad (6\text{-}1)$$

结构的自由振动为简谐振动,即位移为正弦函数

$$x=x\sin(\omega t) \qquad (6\text{-}2)$$

将式(6-2)代入式(6-1)得

$$([K]-\omega^2[M])\{x\}=\{0\} \qquad (6\text{-}3)$$

式(6-3)为经典的特征值问题,此方程的特征值为 ω_i^2,其中 ω_i 就是自振圆频率,自振频率为 $f=\dfrac{\omega_i}{2\pi}$。

特征值 ω_i 对应的特征向量 $\{x\}_i$ 为自振频率 $f=\dfrac{\omega_i}{2\pi}$ 对应的振型。

说明:模态分析实际上就是进行特征值和特征向量的求解,也称为模态提取。模态分析中材料的弹性模量、泊松比及材料密度是必须定义的。

6.1.3　预应力模态分析

结构中的应力可能导致结构刚度的变化,这方面的典型例子就是琴弦。大家都有这样的经验,张紧的琴弦比松弛的琴弦声音要尖锐,这是因为张紧的琴弦刚度更大,从而导致自振频率更高的缘故。

液轮叶片在转速很高的情况下,由于离心力产生的预应力的作用,其自振频率有增大的趋势,如果转速高到这种变化已经不能被忽略的程度,则需要考虑预应力对刚度的影响。

预应力模态分析就是分析含预应力结构的自振频率和振型,预应力模态分析和常规模态分析类似,但可以考虑载荷产生的应力对结构刚度的影响。

6.2 实例1——模态分析

本节主要介绍 ANSYS Workbench 16.0 的模态分析模块,计算汽车油箱的自振频率特性。本节实例所用的模型文件及得到的结果文件如表 6-1 所示。

表 6-1 导入模型文件及结果文件

模型文件	chapter6\chapter6-2\YouXiang.IGS
结果文件	chapter6\chapter06-2\Modal.wbpj

6.2.1 问题描述

图 6-3 所示为第 2 章建立的汽车油箱模型或从表 6-1 所示的模型文件导入的油箱模型,请用 ANSYS Workbench 16.0 分析油箱的自振频率变形。

6.2.2 启动 Workbench 16.0 并建立分析项目

(1)在 Windows 系统下执行"开始"→"所有程序"→ANSYS 16.0→Workbench 16.0 命令,启动 ANSYS Workbench 16.0,进入主页面。

(2)双击主页面 Toolbox(工具箱)中的"Analysis Systems"→"Modal"(模态分析)选项,即可在 Project Schematic(项目管理区)创建分析项目 A,如图 6-4 所示。

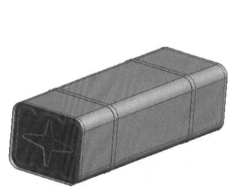

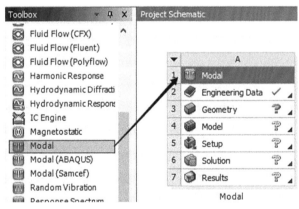

图 6-3 油箱模型　　　　　　　图 6-4 创建分析项目 A

6.2.3 导入创建几何体

(1)在 A3 栏"Geometry"上右击,在弹出的快捷菜单中选择"Import Geometry"→"Browse…"命令,如图 6-5 所示,此时会弹出"打开"对话框。

(2)在弹出的"打开"对话框中选择文件路径,导入"YouXiang.IGS"几何体文件,如图 6-6 所示,此时 A3 栏"Geometry"后的 ❓ 变为 ✔,表示实体模型已经存在。

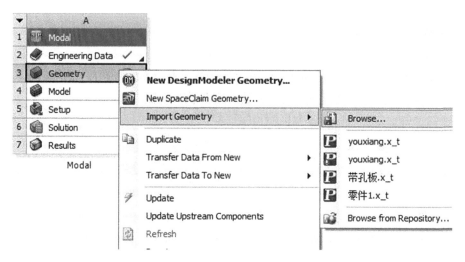

图 6-5 导入几何体

图 6-6 "打开"对话框

(3)双击项目 A 中的 A3 栏"Geometry",此时会进入 DesignModeler 界面,点击"Units"设置单位为"Millimeter"。此时流程树中"Import1"前显示 ⚡,表示需要生成几何体,图形窗口中没有图形显示,如图 6-7 所示。

(4)单击 ⚡Generate(生成)按钮,即可显示生成的几何体,如图 6-8 所示,此时可在几何体上进行其他的操作(本例无须进行操作)。

(5)单击 DesignModeler 界面右上角的 ❌ 按钮,退出 DesignModeler,返回 Workbench 主页面。

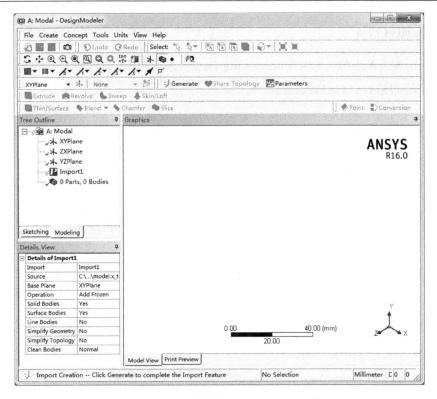

图 6-7　生成几何体前的 DesignModeler 界面

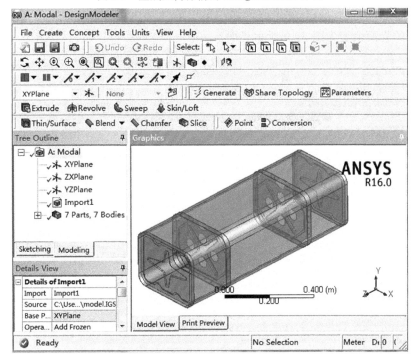

图 6-8　生成几何体后的 DesignModeler 界面

6.2.4 添加材料库

（1）双击项目 A 中的 A2 栏"Engineering Data"，进入图 6-9 所示的材料参数设置界面，在该界面下即可进行材料参数设置。

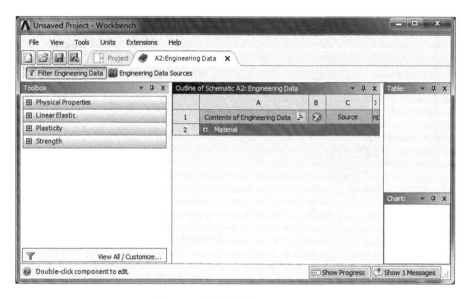

图 6-9 材料参数设置界面（1）

（2）在界面空白处右击，在弹出的快捷菜单中选择"Engineering Data Sources"（工程数据源），此时的界面会变为图 6-10 所示界面。

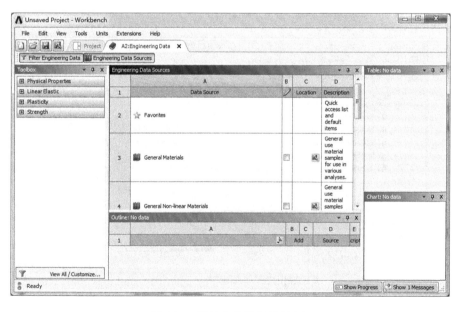

图 6-10 材料参数设置界面（2）

（3）在"Engineering Data Sources"表中选择 A3 栏"General Materials"，然后单击 Outline of General Materials 表中的 A11 栏"Stainless Steel"（不锈钢）后的 B11 栏的 （添加）按钮，此时在 C11 栏会显示 （使用中的）图标，如图 6-11 所示，表示材料添加成功。

（4）同步骤（2），在界面的空白处右击，在弹出的快捷菜单中选择"Engineering Data Sources"（工程数据源），返回到初始界面中。

（5）根据实际工程材料的特性，在 properties of Outline Row 3：Stainless Steel 表中可以修改材料的特性，如图 6-12 所示，本实例采用的是默认值。

提示：用户也可以在 Engineering Data 窗口中自行创建新材料添加到模型库中，这在后面的讲解中会有涉及，本实例不介绍。

（6）单击工具栏中 A2:Engineering Data ✕ 右侧的 ✖ ，回到 Workbench 主页面，材料添加完毕。

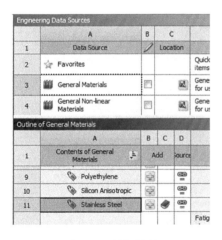

图 6-11　添加材料

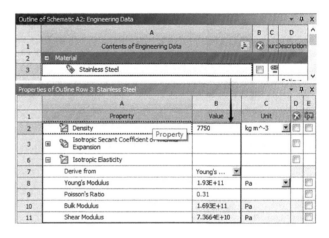

图 6-12　材料参数修改窗口

6.2.5　添加模型材料属性

（1）双击主页面项目管理区项目 A 中的 A4 栏"Model"，进入图 6-13 所示的 Mechanical 界面，在该界面下即可进行网格划分、分析设置、结果观察等操作。

（2）选择 Mechanical 界面左侧"Outline"（流程树）中"Geometry"选项下的端盖、扎带、防波板、箱体，此时即可在 Details of "Multiple Selection"（参数列表）中给模型添加材料，如图 6-14 所示。

（3）单击参数列表中的"Material"下"Assignment"黄色区域后的 ▸ 按钮，此时会出现刚刚设置的材料"Stainless Steel"，选择即可将其添加到模型中去。此时流程树中"Geometry"前的 ❓ 变为 ✔ ，如图 6-15 所示，表示添加材料成功。

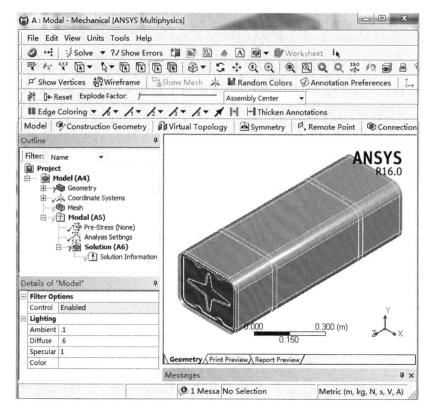

图 6-13　Mechanical 界面

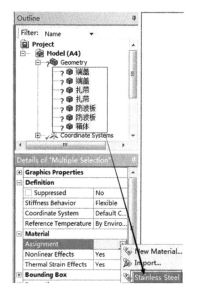

图 6-14　添加材料

图 6-15　添加材料后的流程树

6.2.6 划分网格

(1)选择 Mechanical 界面左侧"Outline"(流程树)中的"Mesh"选项,此时可以在 Details of "Mesh"(参数列表)中修改参数,如图 6-16 所示,将"Element Size"设置为 0.02 m,其余采用默认设置。

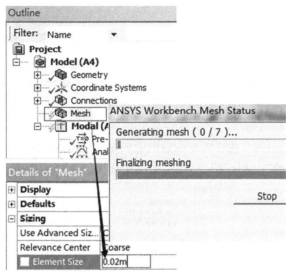

图 6-16　生成网格(1)

(2)右击"Outline"(流程树)中的"Mesh"选项,在弹出的快捷菜单中选择 ⅊ Generate Mesh 命令,此时会弹出图 6-16 所示的进度条,表示网格正在划分。当网格划分完成后,进度条自动消失,最终的网格效果如图 6-17 所示。

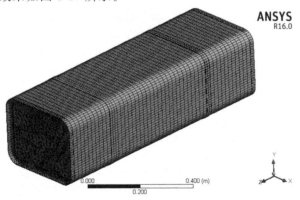

图 6-17　网格效果(1)

6.2.7 施加载荷与约束

(1)选择 Mechanical 界面左侧"Outline"(流程树)中的"Modal(A5)"选项,此时会出现图 6-18 所示的 Environment 工具栏。

(2)选择 Environment 工具栏中"Supports"(约束)→"Fixed Support"(固定约束)命令,此时在流程树中会出现"Fixed Support"选项,如图 6-19 所示。

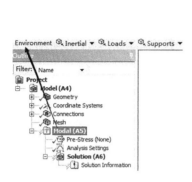

图 6-18　Environment 工具栏

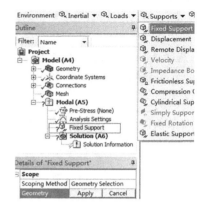

图 6-19　添加固定约束

（3）选中"Fixed Support"，选择需要施加固定约束的面，单击 Details of "Fixed Support"中的"Geometry"选项下的"Apply"按钮，即可在选中面上施加固定约束，如图 6-20 所示。

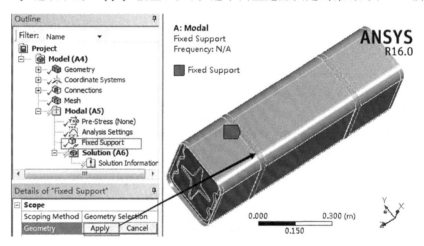

图 6-20　施加固定约束（1）

（4）右击"Outline"（流程树）中的"Modal（A5）"选项，在弹出的快捷菜单中选择 Solve 命令，此时会弹出进度显示条，表示正在求解，当求解完成后进度条自动消失，如图 6-21 所示。

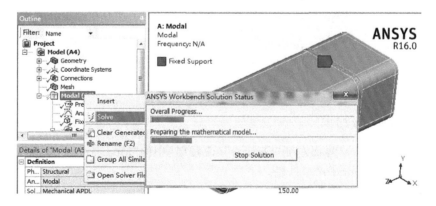

图 6-21　求解（1）

6.2.8 结果后处理

（1）选择 Mechanical 界面左侧"Outline"（流程树）中的"Solution（A6）"选项，此时会出现图 6-22 所示的 Solution 工具栏。

（2）选择 Solution 工具栏中的"Deformation"（变形）→"Total"命令，如图 6-23 所示，此时在流程树中会出现"Total Deformation"（总变形）选项。

（3）右击"Outline"（流程树）中的"Solution（A6）"选项，在弹出的快捷菜单中选择 Evaluate All Results 命令，如图 6-24 所示，此时会弹出进度显示条，表示正在求解，当求解完成后进度条自动消失。

（4）选择"Outline"（流程树）中"Solution（A6）"下的"Total Deformation"（总变形），此时会出现图 6-25 所示的油箱箱体一阶模态总变形云图。

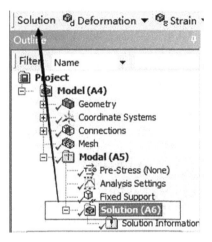

图 6-22 Solution 工具栏

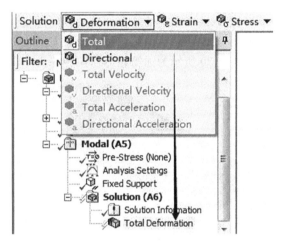

图 6-23 添加变形选项

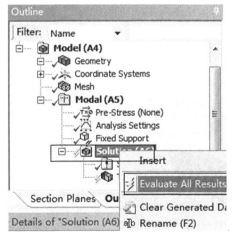

图 6-24 快捷菜单

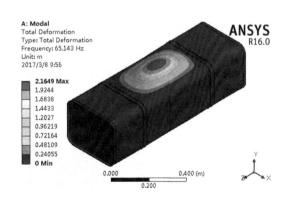

图 6-25 油箱箱体一阶模态总变形云图

（5）图 6-26 所示为油箱箱体二阶模态总变形云图。

（6）图 6-27 所示为油箱箱体三阶模态总变形云图。

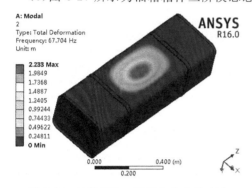 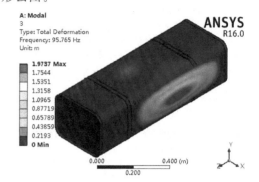

图 6-26　油箱箱体二阶模态总变形云图　　　图 6-27　油箱箱体三阶模态总变形云图

（7）图 6-28 所示为油箱箱体四阶模态总变形云图。

（8）图 6-29 所示为油箱箱体五阶模态总变形云图。

（9）图 6-30 所示为油箱箱体六阶模态总变形云图。

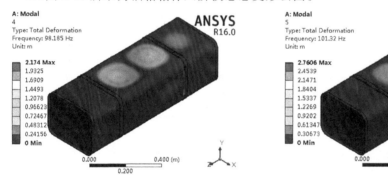

图 6-28　油箱箱体四阶模态总变形云图　　　图 6-29　油箱箱体五阶模态总变形云图

（10）图 6-31 所示为油箱箱体前六阶模态频率，Workbench 模态计算时的默认模态数量为 6。

（11）选择"Outline"（流程树）中"Modal（A5）"下的"Analysis Settings"（分析设置选项），在图 6-32 所示的 Details of "Analysis Settings"下的"Options"中有"Max Modes to Find"选项，在此选项中可以修改模态数量。

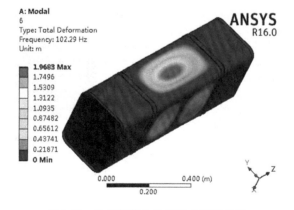

图 6-30　油箱箱体六阶模态总变形云图

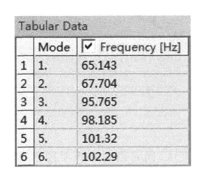

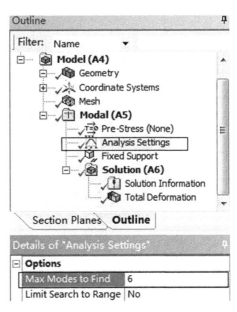

图 6-31 各阶模态频率   图 6-32 模态数量修改选项

6.2.9 保存与退出

(1)单击 Mechanical 界面右上角的 ❌（关闭）按钮,退出 Mechanical 界面返回 Workbench 主界面。

(2)在 Workbench 主界面中单击常用工具栏中的 🔲（保存）按钮,保存文件名为 Modal.wbpj。

(3)单击右上角的 ❌（关闭）按钮,退出 Workbench 主界面,完成项目分析。

6.3 实例 2——有预应力模态分析

本节主要介绍 ANSYS Workbench 16.0 的模态分析模块,计算油箱在有预压应力下的模态。本节实例得到的结果文件为 chapter6\chapter6-3\PreStressModal.wbpj。

6.3.1 问题描述

图 6-33 所示为从表 6-1 中的模型文件导入的模型,请用 ANSYS Workbench 16.0 分析计算油箱在有预压应力工况下的固有频率。

6.3.2 启动 Workbench 16.0 并建立分析项目

(1)在 Windows 系统下执行"开始"→"所有程序"→"ANSYS 16.0"→"Workbench 16.0"命令,启动 ANSYS Workbench 16.0,进入主页面。

(2)双击主页面 Toolbox(工具箱)中的"Custom Systems"→"Pre-Stress Modal"(预应

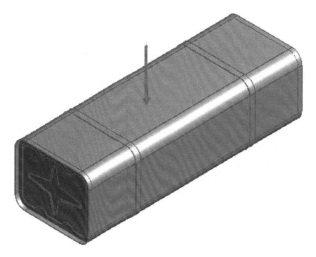

图 6-33　计算模型

力模态分析)选项,即可在 Project Schematic(项目管理区)同时创建分析项目 A(静力学分析)及项目 B(模态分析),如图 6-34 所示。

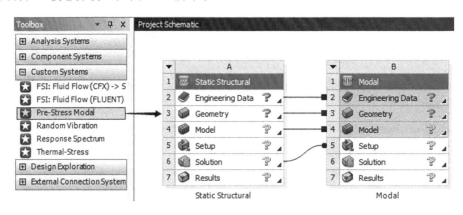

图 6-34　创建分析项目 A 及项目 B

6.3.3　导入创建几何体

具体步骤与 6.2.3 导入创建几何体相同,本节不再赘述。

6.3.4　添加材料库

具体步骤与 6.2.4 添加材料库相同,本节不再赘述。

6.3.5　添加模型材料属性

具体步骤与 6.2.5 添加模型材料属性相同,本节不再赘述。

6.3.6　划分网格

(1)选择 Mechanical 界面左侧"Outline"(流程树)中的"Mesh"选项,此时可以在 Details

of "Mesh"（参数列表）中修改参数，如图 6-35 所示，将"Element Size"设置为 0.02 m，其余采用默认设置。

（2）右击"Outline"（流程树）中的"Mesh"选项，在弹出的快捷菜单中选择 Generate Mesh 命令，此时会弹出图 6-35 所示的进度条，表示网格正在划分。当网格划分完成后，进度条自动消失，最终的网格效果如图 6-36 所示。

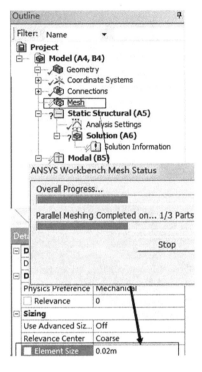
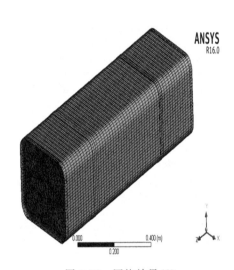

图 6-35　生成网格（2）　　　　　　图 6-36　网格效果（2）

6.3.7　施加载荷与约束

（1）选择 Mechanical 界面左侧"Outline"（流程树）中的"Static Structural（A5）"选项，此时会出现图 6-37 所示的 Environment 工具栏。

（2）选择 Environment 工具栏中"Supports"（约束）→"Fixed Support"（固定约束）命令，此时在流程树中会出现"Fixed Support"选项，如图 6-38 所示。

（3）选中"Fixed Support"，选择需要施加固定约束的面，单击 Details of "Fixed Support"中的"Geometry"选项下的"Apply"按钮，即可在选中面上施加固定约束，如图 6-39 所示。

（4）选择 Environment 工具栏中"Loads"（载荷）→"Force"（力载荷）命令，此时在流程树中会出现"Force"选项，如图 6-40 所示。

（5）选中"Force"，选择需要施加固定约束的面，单击 Details of "Force"中的"Geometry"选项下的"Apply"按钮，即可在选中面上施加固定约束，在"Define By"栏中选择"Components"选项，在"Y Component"栏中输入−500 N，其余保持默认设置即可，如图 6-41 所示。

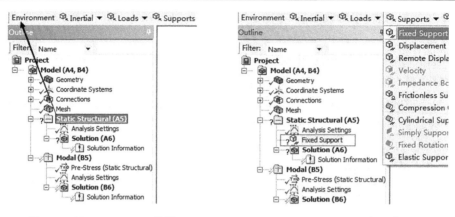

图 6-37　Environment 工具栏　　　　　　　图 6-38　添加固定约束

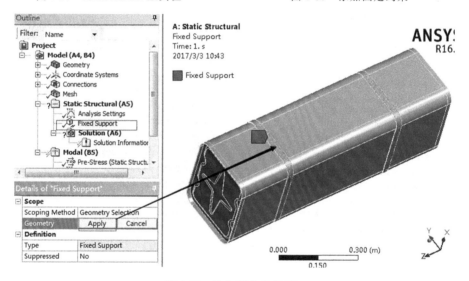

图 6-39　施加固定约束(2)

(6)右击"Outline"(流程树)中的"Static Structural(A5)"选项,在弹出的快捷菜单中选择"Solve"命令,此时会弹出进度显示条,表示正在求解,当求解完成后进度条自动消失,如图 6-42 所示。

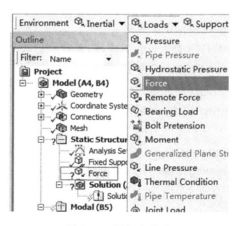

图 6-40　添加力载荷

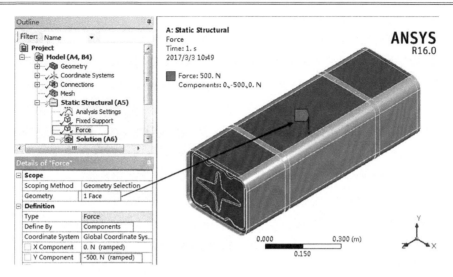

图 6-41 施加载荷

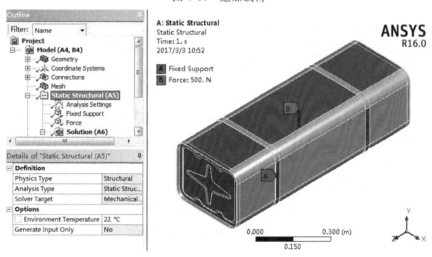

图 6-42 求解(2)

6.3.8 模态分析

右击"Outline"(流程树)中的"Modal(B5)"选项,在弹出的快捷菜单中选择"Solve"命令,此时会弹出进度显示条,表示正在求解,当求解完成后进度条自动消失,如图 6-43 所示。

注意:计算时间跟网格疏密程度和计算机性能等有关。

6.3.9 结果后处理

(1)选择"Solution(B6)"工具栏中"Deformation"(总变形)→"Total"命令,如图 6-44 所示,此时在流程树中会出现"Total Deformation"(总变形)选项。

(2)右击"Outline"(流程树)中的"Solution(B6)"选项,在弹出的快捷菜单中选择 ⁄ Evaluate All Results 命令,如图 6-45 所示,此时会弹出进度显示条,表示正在求解,当求解完成后进度条自动消失。

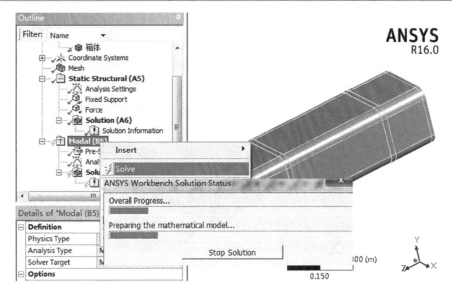

图 6-43　Solution 工具栏

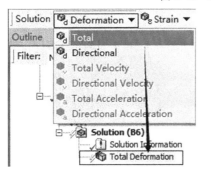

图 6-44　添加总变形选项

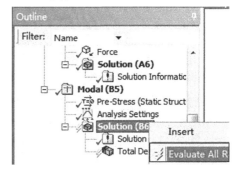

图 6-45　快捷菜单

(3)选择"Outline"(流程树)中"Solution(B6)"下的"Total Deformation"(总变形),此时会出现图 6-46 所示的油箱一阶模态总变形云图。

(4)图 6-47 所示为油箱二阶模态总变形云图。

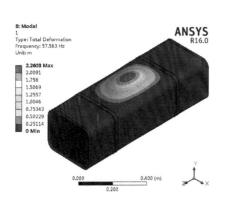

图 6-46　油箱一阶模态总变形云图

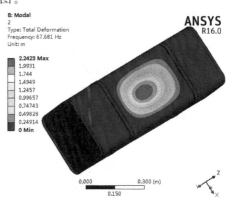

图 6-47　油箱二阶模态总变形云图

（5）图 6-48 所示为油箱三阶模态总变形云图。

（6）图 6-49 所示为油箱四阶模态总变形云图。

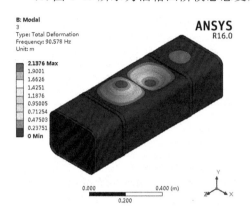 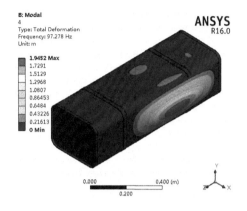

图 6-48 油箱三阶模态总变形云图　　　　图 6-49 油箱四阶模态总变形云图

（7）图 6-50 所示为油箱五阶模态总变形云图。

（8）图 6-51 所示为油箱六阶模态总变形云图。

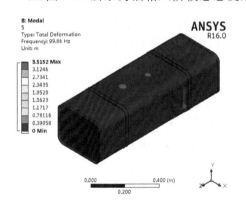 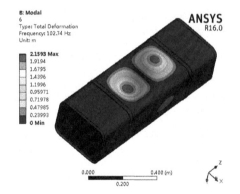

图 6-50 油箱五阶模态总变形云图　　　　图 6-51 油箱六阶模态总变形云图

（9）图 6-52 所示为油箱前六阶模态频率，Workbench 模态计算时的默认模态数量为 6。

	Mode	✔ Frequency [Hz]
1	1.	57.563
2	2.	67.681
3	3.	90.578
4	4.	97.278
5	5.	99.86
6	6.	102.74

Tabular Data

图 6-52 各阶模态频率

6.3.10 保存与退出

(1)单击 Mechanical 界面右上角的 ■X■ (关闭)按钮,退出 Mechanical 返回 Workbench 主界面。

(2)在 Workbench 主界面中单击常用工具栏中的■ (保存)按钮,保存文件名为 PreStress Modal. wbpj。

(3)单击右上角的 ■X■ (关闭)按钮,退出 Workbench 主界面,完成项目分析。

6.3.11 读者演练

6.2 和 6.3 两节介绍了模态分析和含有预应力(压应力)的模态分析,请读者根据本节的操作步骤自行完成含有拉应力的模态分析,并对比这 3 种计算的各阶固有频率。

结论:各种载荷作用下结构的振型类似,但是在预拉力作用下,结构刚化,频率会有所升高,反之,在预压力作用下,结构刚度会下降,频率会有所减小。

6.4 随机振动分析

随机振动分析也称为功率谱密度分析,是一种基于概率统计学理论的谱分析技术。现实中有很多情况下载荷是不确定的,如火箭每次发射会产生不同时间历程的振动载荷,汽车在路上行驶时每次的振动载荷也会有所不同。由于时间历程的不确定性,这种情况不能选择瞬态分析进行模拟计算,于是从概率统计学角度出发,将时间历程的统计样本转变为功率谱密度函数(PSD)——随机载荷时间历程的统计响应,在功率谱密度函数的基础上进行随机振动分析,得到响应的概率统计值。随机振动分析是一种频域分析,需要首先进行模态分析。

功率谱密度函数(PSD)是随机变量自相关函数的频域描述,能够反映随机载荷的频率成分。设随机载荷历程为 $a(t)$,则其自相关函数可以表述为

$$R(\tau) = \lim_{\tau \to \infty} \frac{1}{T} \int_0^T a(t)a(t+\tau)\mathrm{d}t \tag{6-4}$$

当 $\tau=0$ 时,自相关函数等于随机载荷的均方值,即 $R(0)=E(a^2(t))$。

自相关函数是一个实偶函数,它在 $R(\tau)$-τ 图形上的频率反映了随机载荷的频率成分,而且具有性质:

$$\lim_{\tau \to \infty} R(\tau)=0$$

因此它符合傅里叶变换的条件:

$$\int_{-\infty}^{\infty} R(\tau)\mathrm{d}\tau < \infty$$

可以进一步用傅里叶变换描述随机载荷的具体的频率成分:

$$R(\tau) = \int_{-\infty}^{\infty} F(f)\mathrm{e}^{2\pi f\tau}\mathrm{d}f \tag{6-5}$$

其中 f 表示圆频率,$F(f)=\int_{-\infty}^{\infty} R(\tau)\mathrm{e}^{2\pi f\tau}\mathrm{d}f$ 称为 $R(\tau)$ 的傅里叶变换,也就是随机载荷 $a(t)$ 的功率谱密度函数,也称为 PSD 谱。

功率谱密度曲线为功率谱密度值 $F(f)$ 与频率 f 的关系曲线,f 通常被转化为"Hz"的

形式给出。加速度 PSD 的单位形式是"加速度^2/Hz",速度 PSD 的单位形式是"速度^2/Hz",位移 PSD 的单位形式是"位移^2/Hz"。

如果 $\tau=0$ 则可得到 $R(0)=\int_{-\infty}^{\infty}F(f)\mathrm{d}f=E(a^2(t))$,这就是功率谱密度的特性:功率谱密度曲线下面的面积等于随机载荷的均方值。

结构在随机载荷的作用下其响应也是随机的,随机振动分析的结果量的概率统计值,其输出结果为结果量(位移、应力等)的标准差,如果结果量符合正态分布,则这就是结果量的 1σ 值,即结果量位于 $-1\sigma\sim1\sigma$ 之间的概率为 68.3%,位于 $-2\sigma\sim2\sigma$ 之间的概率为 96.4%,位于 $-3\sigma\sim3\sigma$ 之间的概率为 99.7%。

进行随机振动分析前首先要进行模态分析,在模态分析的基础上进行随机振动分析。

模态分析应该提取主要被激活振型的频率和振型,提取出来的频谱应该位于 PSD 曲线频率范围之内。为了保证计算考虑所有影响显著的振型,通常 PSD 曲线的频谱范围不能太小,应该一直延伸到谱值较小的区域,而且模态提取的频率也应该延伸到谱值较小的频率区(此较小的频率区仍然位于频谱曲线范围之内)。

在随机振动分析中,载荷 PSD 谱作用在基础上,也就是作用在所有约束位置。

6.5 实例 3——油箱随机振动分析

本节主要介绍 ANSYS Workbench 16.0 的随机振动分析模块,计算油箱箱体的随机振动响应。本节实例得到的结果文件为 chapter6\chapter6-5\Random_vibration.wbpj。

6.5.1 问题描述

图 6-53 所示为从表 6-1 中的模型文件导入的模型,请用 ANSYS Workbench 16.0 分析计算油箱模型在自重加速度作用下的位移响应情况。

6.5.2 启动 Workbench 16.0 并建立分析项目

(1)在 Windows 系统下执行"开始"→"所有程序"→"ANSYS 16.0"→"Workbench 16.0"命令,启动 ANSYS Workbench 16.0,进入主页面。

(2)双击主页面 Toolbox(工具箱)中的"Component Systems"→"Geometry"(几何)选项,即可在 Project Schematic(项目管理区)创建分析项目 A,如图 6-54 所示。

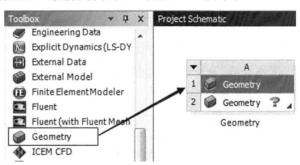

图 6-53 几何模型　　　　　　　　图 6-54 创建分析项目 A

6.5.3 导入创建几何体

右击 A2 栏"Geometry",在弹出的快捷菜单中选择"Import Geometry"→"Browse…"命令,具体步骤与 6.2.3 节导入创建几何体相同,本节不再赘述。

6.5.4 模态分析

(1)双击主界面 Toolbox(工具箱)中的"Analysis Systems"→"Modal"(模态分析)选项,即可在 Project Schematic(项目管理区)创建分析项目 B,如图 6-55 所示。

(2)如图 6-56 所示,将项目 A 中的 A2 栏"Geometry"直接拖到项目 B 中的 B3 栏"Geometry"中,此时在 B3 栏中会出现一个红色的提示符"Share A2",此提示符表示 B3 栏"Geometry"几何数据与 A2 栏"Geometry"几何数据实现共享。

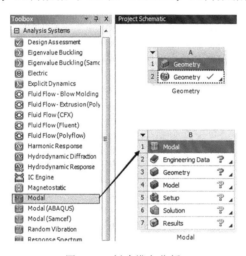
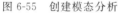
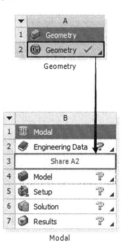

图 6-55 创建模态分析   图 6-56 几何数据共享

6.5.5 添加材料库

双击项目 B 中的 B2 栏"Engineering Data",进入材料参数设置界面,在该界面下即可进行材料参数设置,具体步骤与 6.2.4 节添加材料库相同,本节不再赘述。

6.5.6 添加模型材料属性

双击主页面项目管理区项目 B 中的 B4 栏"Model",进入 Mechanical 界面,在该界面下可进行网格划分、分析设置、结果观察等操作。具体步骤与 6.2.5 节添加模型材料属性相同,本节不再赘述。

6.5.7 划分网格

(1)选择 Mechanical 界面左侧"Outline"中的"Mesh"选项,此时可以在 Details of "Mesh"(参数列表)中修改参数,如图 6-57 所示,在 Sizing 中将"Element Size"设置为 0.02 m,其余采用默认设置。

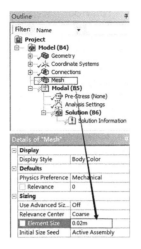

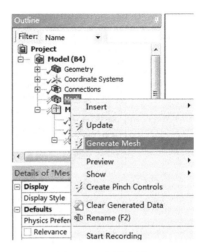

图 6-57　设置网格大小　　　　　图 6-58　划分网格

（2）右击"Outline"中的"Mesh"选项，在弹出的快捷菜单中选择 ⚡ Generate Mesh 命令，如图 6-58 所示，此时会弹出进度条，表示网格正在划分，当网格划分完成后，进度条自动消失，最终的网格效果如图 6-59 所示。

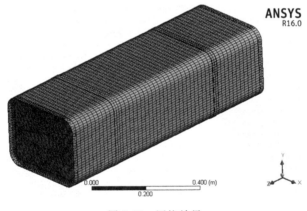

图 6-59　网格效果

6.5.8　施加约束

选择 Mechanical 界面左侧"Outline"中的"Modal(B5)"选项，此时会出现 Environment 工具栏。具体步骤与 6.2.7 节施加载荷和约束相同，本节不再赘述。

6.5.9　结果后处理

（1）选择 Solution 工具栏中"Deformation"（总变形）→"Total"命令，如图 6-60 所示，此时在流程树中会出现"Total Deformation"（总变形）选项。

（2）右击"Outline"中的"Solution(B6)"选项，在弹出的快捷菜单中选择 ⚡ Evaluate All Results 命令。

（3）选择"Outline"中的"Solution(B6)"下的"Total Deformation"（总变形），此时会出现图 6-61、图 6-62 所示的一阶模态总变形及二阶模态总变形分析云图。

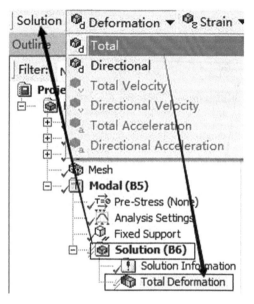

图 6-60　添加变形选项

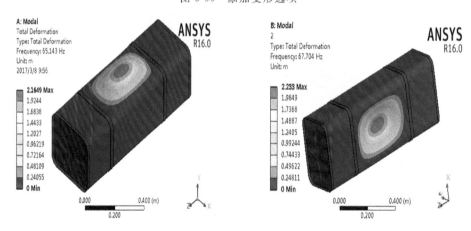

图 6-61　一阶模态总变形分析云图　　　　图 6-62　二阶模态总变形分析云图

（4）单击 Mechanical 界面右上角的 （关闭）按钮，退出 Mechanical 返回 Workbench 主页面。

6.5.10　随机振动分析

（1）回到 Workbench 主页面，如图 6-63 所示，单击 Toolbox（工具箱）中的"Analysis Systems"→"Random Vibration"（随机振动分析）选项不放，直接拖到项目 B"Modal"的 B6 栏中。

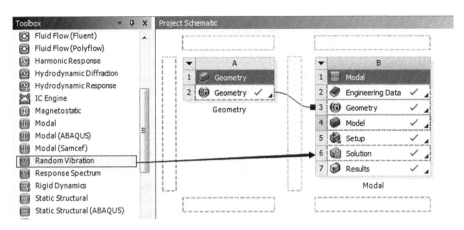

图 6-63 随机振动分析

（2）如图 6-64 所示，项目 B 与项目 C 直接实现了数据共享，此时在项目 C 中的 C5 栏"Setup"后会出现 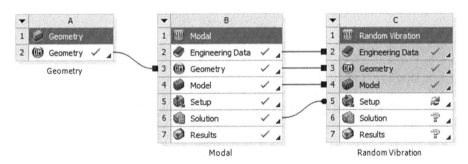 标识。

图 6-64 数据共享

（3）如图 6-65 所示，双击项目 C 的 C5 栏"Setup"命令，进入 Mechanical 界面。

（4）如图 6-66 所示，右击"Outline"中的"Modal（B5）"选项，在弹出的快捷菜单中选择 Solve 命令。

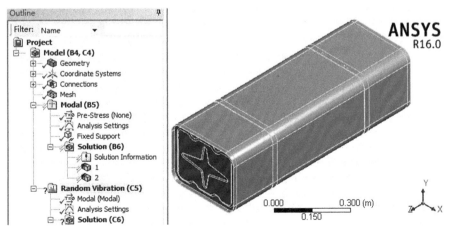

图 6-65 Mechanical 界面

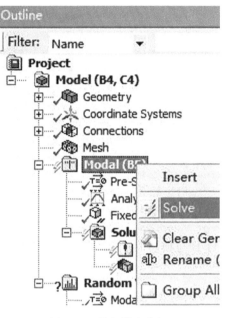

图 6-66　执行模态分析

6.5.11　添加动态力载荷

（1）选择 Mechanical 界面左侧"Outline"中的"Random Vibration(C5)"选项，此时会出现图 6-67 所示的 Environment 工具栏。

（2）选择 Environment 工具栏中的"PSD Base Excitation"（基础激励响应分析）→"PSD G Acceleration"命令，如图 6-68 所示，此时会在流程树中出现"PSD G Acceleration"选项。

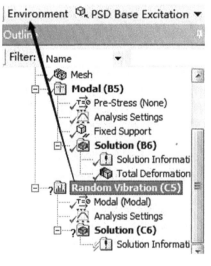

图 6-67　Environment 工具栏

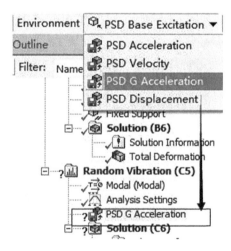

图 6-68　添加激励

（3）选择 Mechanical 界面左侧"Outline"中的"Random Vibration(C5)"→"PSD G

Acceleration"选项,在下面出现如图 6-69 所示的 Details of "PSD G Acceleration"面板,在其中做如下更改:

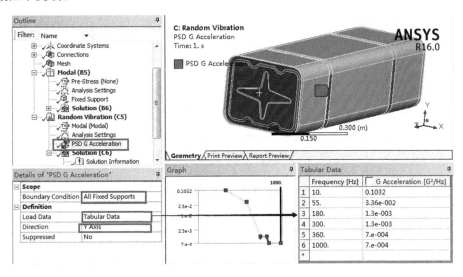

图 6-69 激励设置

①在 Scope 下的"Boundary Condition"中选择"All Fixed Supports"选项;

②在"Load Data"中选择"Tabular Data"选项,然后将表 6-2 中的数值输入到右侧的 Tabular Data 表中;

表 6-2 加速度值

序号	Frequency (频率)/Hz	Acceleration (加速度)/(m/s²)	序号	Frequency (频率)/Hz	Acceleration (加速度)/(m/s²)
1	10	0.1032	4	300	0.0013
2	55	0.0336	5	360	0.0007
3	180	0.0013	6	1000	0.0007

③在"Direction"中选择"Y Axis"选项,即加速度方向为竖向,其余项目采用默认设置即可。

(4)如图 6-70 所示,右击"Random Vibration(C5)"选项,在弹出的快捷菜单中选择 Solve 命令,进行计算。

6.5.12 后处理

(1)选择 Mechanical 界面左侧"Outline"中的"Solution(C6)"选项,此时会出现图 6-71 所示的 Solution 工具栏。

(2)选择 Solution 工具栏中"Deformation"(总变形)→"Directional"命令,如图 6-72 所示,此时在流程树中会出现"Directional Deformation"(总变形)选项。

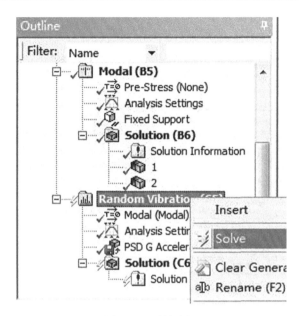

图 6-70　计算求解

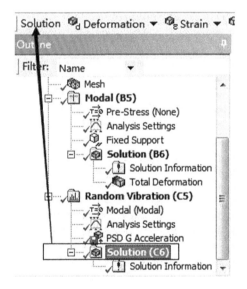

图 6-71　Solution 工具栏

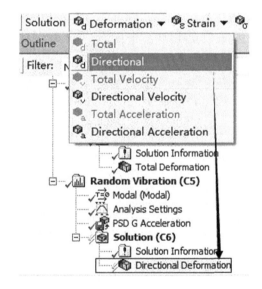

图 6-72　添加变形选项

（3）右击"Outline"中的"Solution(C6)"选项,在弹出的快捷菜单中选择 Evaluate All Results
命令,如图 6-73 所示。

（4）选择"Outline"中"Solution(C6)"下的"Directional Deformation",此时会出现图 6-74 所示的 X 方向的 1σ 变形分析云图。

（5）在图 6-75 所示的 Details of "Directional Deformation"面板中更改"Orientation"选项,可以修改变形方向,更改"Scale Factor"选项可以修改系统算法。

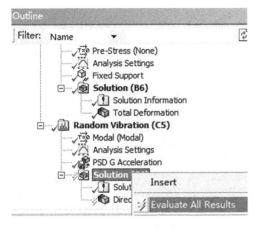

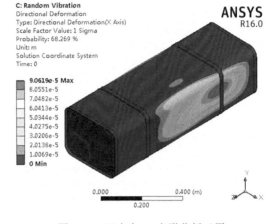

图 6-73　快捷菜单　　　　　　　　　　图 6-74　X 方向 1σ 变形分析云图

（6）图 6-76 所示为 Y 方向 2σ 变形分析云图。

（7）如图 6-77 所示，右击"Solution（C6）"，在弹出的快捷菜单中依次选择"Insert"→"Probe"→"Response PSD"命令。

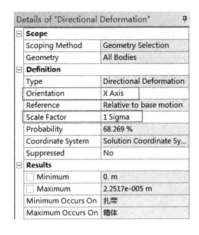

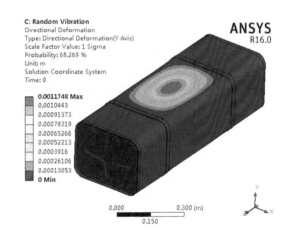

图 6-75　后处理设置　　　　　　　　　图 6-76　Y 方向 2σ 变形分析云图

（8）如图 6-78 所示，在 Details of "Response PSD"面板中进行如下设置：

在"Geometry"栏中确保油箱的一个顶点被选中，此时在"Geometry"栏中会显示"1Vertex"，表示一个顶点被选中，其余保持默认设置即可，执行后处理计算。

（9）在右下角位置会显示出图 6-79 所示的坐标图和数据表，从表中可以看出频率为 65.216 Hz 时，油箱的功率密度谱值最大，最大响应值为 1.1691e−012 m²/Hz。

6.5.13　保存与退出

（1）单击 Mechanical 界面右上角的 ❌（关闭）按钮，退出 Mechanical 返回到 Workbench 主

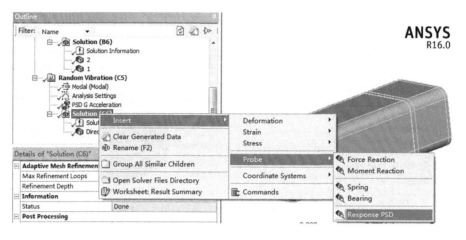

图 6-77 添加命令(1)

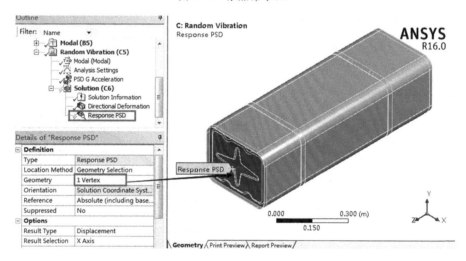

图 6-78 添加命令(2)

界面。

(2)在 Workbench 主界面中单击常用工具栏中的 ![保存] (保存)按钮,保存文件名为 Random_vibration。

(3)单击右上角的 ![X] (关闭)按钮,退出 Workbench 主界面,完成项目分析。

6.5.14 读者演练

读者可以参考以上后处理操作,查看速度谱值与加速度谱值,并查看顶点的速度谱曲线和加速度谱曲线,同时可以通过图标查找到速度谱的最大响应频率和加速度谱的最大响应频率。

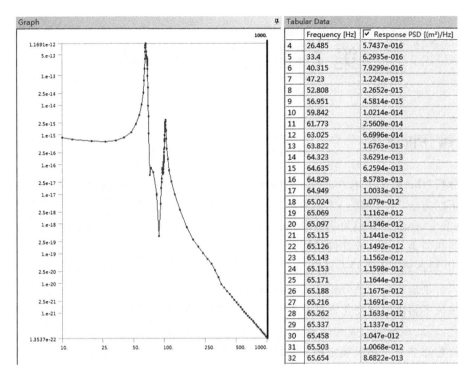

图 6-79 后处理计算结果

6.6 本章小结

本章通过简单的例子介绍了模态分析及随机振动分析的方法及操作过程。读者完成本章的实例后,应该熟练掌握零件模态分析的基本方法,了解模态分析的应用,同时应该掌握模态分析的分析方法。

第7章 热 分 析

7.1 热分析概述

热分析(thermal analysis,TA)是指用热力学参数或物理参数随温度变化而变化的关系进行分析的方法。通过稳态热分析和瞬态热分析可以计算出系统或部件的温度场分布、热梯度、热变形、热通量等相关热力学指标,再利用这些指标可进一步分析由于热膨胀或冷收缩引起的热应力对系统或部件的影响。

利用 ANSYS Workbench 16.0 中的 Steady-State Thermal 模块和 Transient Thermal 模块可以分别进行稳态热分析和瞬态热分析。

当热流不再随时间变化而变化时,热传递可以看作稳定状态。由于热流不再随时间变化而变化,因此系统的温度和热载荷也不再随时间变化而变化。在进行瞬态热分析之前可以先进行稳态热分析用以确定初始条件。对于稳态平衡而言,由热力学第一定理可知一个热力学系统的内能增量等于外界向它传递的热量与外界对它所做的功的和。有限元方程表达为

$$[K]\{T\} = \{Q\} \tag{7-1}$$

其中:

$[K]$——热传导矩阵,包括传热系数、对流系数、辐射、形状系数;

$\{T\}$——节点温度向量;

$\{Q\}$——节点热流率向量,包括热生成。

对于稳态热分析,$\{T\}$由$[K]\{T\}=\{Q\}$求出。如果材料特性是线性的,则稳态热分析是线性分析;如果材料特性是非线性的,则稳态分析是非线性分析。大部分材料的热力学特性都与温度有关,因此一般的分析采用非线性分析。

瞬态热分析可以确定随时间变化的温度的变化情况和其他一些热力学指标。在很多情况下,关注的温度是随时间变化而变化的,如:热处理中的淬火,需要分析的便是这些变化的过程,而不是最终达到的稳定结果,故此类热分析采用瞬态热分析。有限元方程表达为

$$[C]\{\dot{T}\} + [K]\{T\} = \{Q\} \tag{7-2}$$

其中:

$[C]$——比热容矩阵。

对于瞬态热分析,$\{T\}$由$[C]\{\dot{T}\}+[K]\{T\}=\{Q\}$求出。瞬态热分析同样可以是线性分析或非线性分析。由于材料属性大部分都与温度有关,即$[C]$和$[K]$都是变化的,因此大部分的瞬态热分析都是非线性分析。

7.2 热分析流程

热分析流程与一般有限元分析流程基本相同，其流程如下。

（1）通过 Steady-State Thermal 模块和 Transient Thermal 模块分别进行稳态和瞬态的分析，如图 7-1 所示；

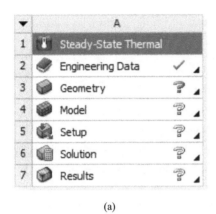

(a) (b)

图 7-1 热分析模块

(a)Steady-State Thermal；(b)Transient Thermal

（2）定义工程材料数据；

（3）添加几何元件；

（4）定义零件行为；

（5）定义连接；

（6）网格划分；

（7）分析设置；

（8）定义初始状态；

（9）施加载荷和约束；

（10）求解并查看结果。

以下通过简单模型进行两个实例分析，分别介绍稳态热分析和瞬态热分析。

7.3 实例 1——杆的稳态热分析

7.3.1 实例概述

假设有一个长为 100 mm，直径为 10 mm 的圆柱形杆件，如图 7-2 所示，其材料为结构钢，热传导系数 $K = 60.5$ W/(m·℃)。对该杆一端施加 100 W/mm^2 的热通量，另一端施加 100 ℃ 的指定温度，求解并查看稳态热分析结果。建立此简单模型只为进行操作演示，且此处模型简单，读者可以手动计算结果，再与分析结果进行比较，判断有限元分析结果的好坏与准确性，更加直观地了解基于有限元的热分析。

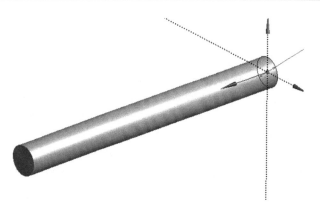

图 7-2   圆柱形杆件

7.3.2   创建工作项目流程

打开 ANSYS Workbench 16.0，在 Toolbox 下的"Analysis Systems"中选取"Steady-State Thermal"，双击或拖动到工作窗口中。Engineering Data 无须更改，其默认材料便为所需的结构钢。

7.3.3   绘制几何图形

双击 A2 单元格"Geometry"进入 DesignModeler，如图 7-3 所示。在 XY 平面创建草图，绘制直径为 10 mm 的圆，对该草图选择拉伸功能，设置拉伸长度为 100 mm，获得所需的圆柱形杆件后关闭 DesignModeler。

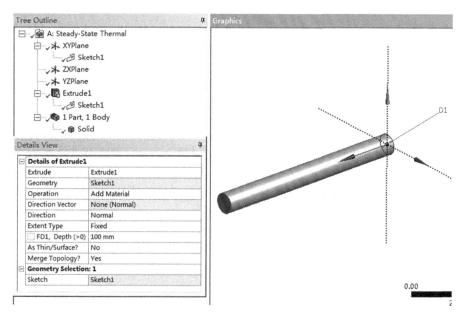

图 7-3   绘制圆柱形杆件

7.3.4 网格划分

双击 A4 单元格"Model"进入 Mechanical,点击"Mesh",将"Relevance"调至最大 100,其他参数选项保持不变,如图 7-4 所示。然后右键点击"Mesh",选择"Generate Mesh"生成网格,网格划分效果如图 7-5 所示。

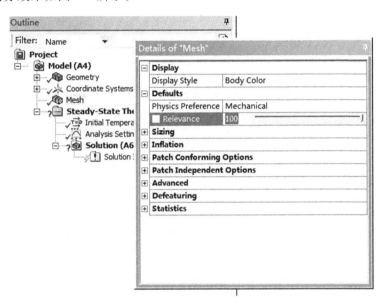

图 7-4 网格划分设置

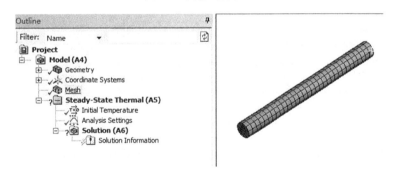

图 7-5 网格划分效果

7.3.5 添加热通量

单击"Steady-State Thermal(A5)",选择 Environment 工具栏中的"Heat",如图 7-6 所示,并选择"Heat Flux"添加一个热通量。在 Details of "Heat Flux"面板中"Geometry"选择圆柱形杆件的一个端面,并设置"Magnitude"为 $100 \ W/mm^2$,如图 7-7 所示。

图 7-6 选择添加热通量

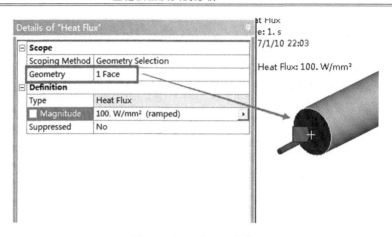

图 7-7 设置热通量参数

7.3.6 添加温度边界条件

选择 Environment 工具栏中的"Temperature",如图 7-8 所示,在 Details of "Temperature"面板中"Geometry"选择圆柱形杆件的另一端面作为温度边界条件设置面,并设置"Magnitude"为 100 ℃,如图 7-9 所示。

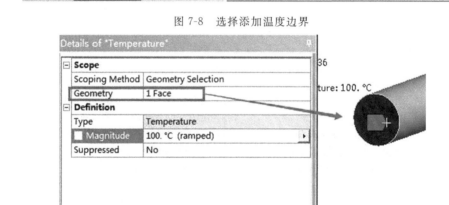

图 7-8 选择添加温度边界

图 7-9 设置温度边界条件

7.3.7 设置求解项

单击"Solution(A6)",选择 Solution 工具栏中的"Thermal",如图 7-10 所示,分别添加"Temperature""Total Heat Flux""Directional Heat Flux"(此处方向默认是 X 轴方向),如图 7-11 所示。

图 7-10 添加求解项

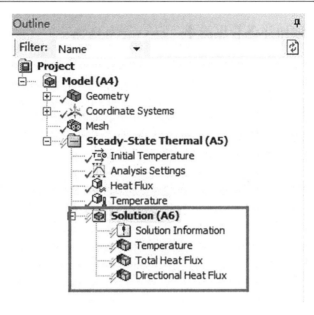

图 7-11　添加求解项

7.3.8　求解并查看求解结果

右键点击"Solution(A6)"并选择"Solve"进行求解,待求解完毕之后查看结果云图。图 7-12 所示为温度云图;图 7-13 所示为总热通量云图;图 7-14 所示为 X 轴方向热通量云图。读者此处可以根据热学方程手工求解,将计算结果与分析结果进行对比检验。

图 7-12　温度云图　　　　　　　　　　图 7-13　总热通量云图

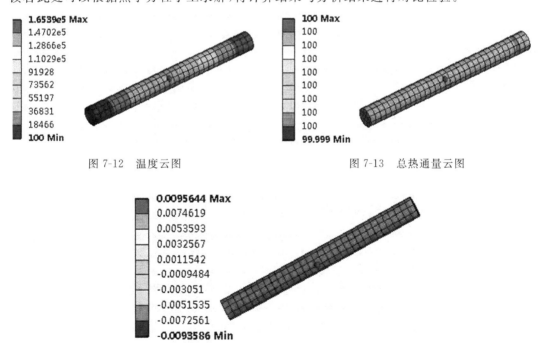

图 7-14　X 轴方向热通量云图

7.3.9 在结果中添加并查看热流率

在前面的步骤中添加了温度边界条件,这就意味着在这个温度表面会有一个热流,称之为 Reaction(反作用)。单击"Solution(A6)",选择 Solution 工具栏中的"Probe",如图 7-15 所示,添加"Reaction Probe"选项。在 Details of "Reaction Probe"面板中"Boundary Condition"选择"Temperature",其他参数保持默认设置不变,如图 7-16 所示。右击"Solution(A6)"选择"Evaluate All Results"进行求解,结果如图 7-17 所示。

| Solution | Thermal ▼ | Probe ▼ | User Defined Result | Coordinate Systems ▼ |

图 7-15 添加热流率

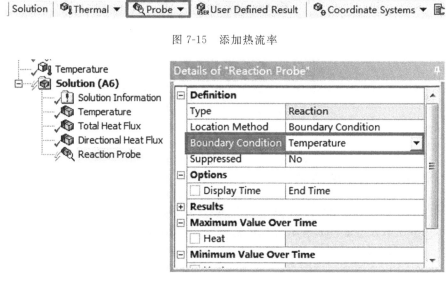

图 7-16 设置热流率

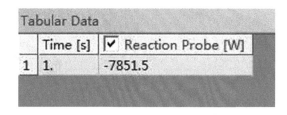

图 7-17 热流率分析结果

7.3.10 用热流量代替热通量并查看结果

右击"Steady-State Thermal(A5)"下的热通量"Heat Flux"选择"Delete",然后选择 Environment 工具栏中的"Heat",并选择"Heat Flow"添加一个热流。在 Details of "Heat Flow"面板中"Geometry"选择与热通量一致的端面,并设置"Magnitude"为7851.5 W,重新求解结果(此处结果不会改变,因为热流采用的数据等同于热通量的数据),如图 7-18 所示。

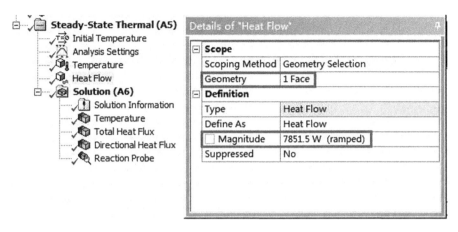

图 7-18 热流率分析设置

7.3.11 添加对流

单击"Steady-State Thermal(A5)",选择 Environment 工具栏中的"Convection",如图 7-19 所示。在 Details of "Convection"面板中"Geometry"选择圆柱形杆件的侧面,对流系数"Film Coefficient"在对应展开列表中选择"Import Temperature Dependent…",如图 7-20 所示。在弹出的界面中选择迟滞空气(Stagnant Air-Simplified Case)后单击"OK"按钮,如图 7-21 所示。然后在 Details of "Convection"面板中设置系数类型"Coefficient Type"为体温度"Bulk Temperature",环境温度"Ambient Temperature"为 50 ℃,其他参数保持默认设置不变。以上便在指定面上添加了一个对流系数为 5 W/(m^2·℃)、温度为 50 ℃的迟滞空气,如图 7-22 所示。

Environment	Temperature	Convection	Radiation	Heat ▾	Mass Flow Rate	Conditions ▾	

图 7-19 添加对流

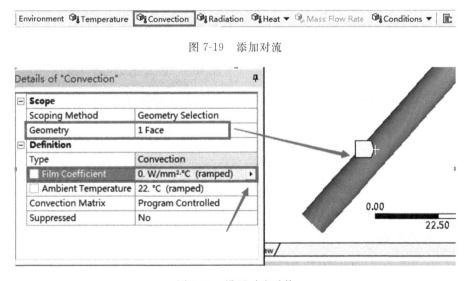

图 7-20 设置对流系数

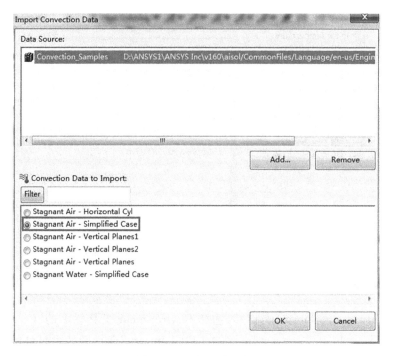

图 7-21　选择迟滞空气

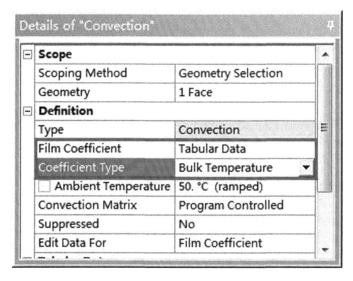

图 7-22　设置迟滞空气参数

7.3.12　重新求解

重新求解并查看结果,温度云图如图 7-23 所示,总热通量云图如图 7-24 所示,X 轴方向热通量云图如图 7-25 所示。由于加入了对流,圆柱形杆件的各参数都将发生相应的变化。

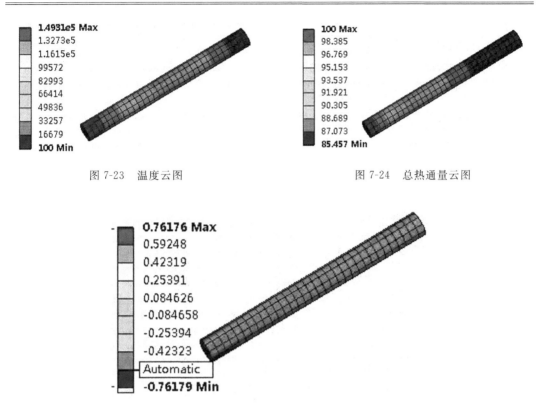

图 7-23　温度云图　　　　　　　　　　图 7-24　总热通量云图

图 7-25　X 轴方向热通量云图

7.3.13　添加辐射

单击"Steady-State Thermal（A5）"，选择 Environment 工具栏中的"Radiation"，在 Details of "Radiation"面板中"Geometry"选择圆柱形杆件的侧面，并设置环境温度"Ambient Temperature"为 50 ℃，如图 7-26 所示。

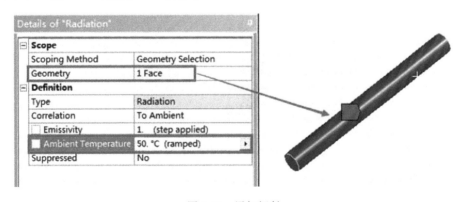

图 7-26　添加辐射

7.3.14　在辐射面添加反作用探测器

单击"Solution（A6）"，选择 Solution 工具栏中的"Probe"，如图 7-27 所示，添加"Reaction

Probe"选项。在 Details of "Reaction Probe 2"面板中"Boundary Condition"选择"Radiation",其他参数保持默认设置不变,如图 7-28 所示。右击"Solution(A6)"选择"Evaluate All Results"进行求解(如求解失败,则删除所有的 Probe 求解项,再重新设置),并在屏幕右下方的 Tabular Data 面板中查看结果,如图 7-29 所示。

图 7-27   添加反作用探测器

Details of "Reaction Probe 2"	
Definition	
Type	Reaction
Location Method	Boundary Condition
Boundary Condition	Radiation
Suppressed	No
Options	
☐ Display Time	End Time
Results	
Maximum Value Over Time	
☐ Heat	
Minimum Value Over Time	

图 7-28   设置反作用探测器

	Time [s]	☑ Reaction Probe 2 [W]
1	0.1	-726.26
2	0.2	-1506.6
3	0.35	-2681.4
4	0.575	-4446.6
5	0.7875	-6119.9
6	1.	-7785.6

图 7-29   查看结果

7.3.15   保存并退出

关闭 Steady-State Thermal 平台,保存项目后退出程序,如图 7-30 所示。

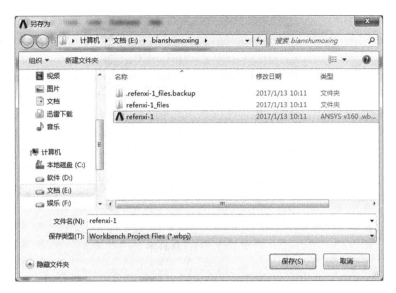

图 7-30　保存文件

7.4　实例 2——杆的瞬态热分析

7.4.1　实例概述

假设一块密度为 7800 kg/m³、导热系数为 70 W/(m·K)、比热容为 448 J/(kg·K)、初始温度为 90 ℃、边长为 1 m 的立方体钢块在密度为 1000 kg/m³、导热系数为 0.6 W/(m·K)、比热容为 4185 J/(kg·K)、边长为 3 m 的立方体液体区域中经过 500 s 冷却至室温 22 ℃过程的瞬态温度场分布。

7.4.2　创建工作项目流程

打开 ANSYS Workbench 16.0，在 Toolbox 下的"Analysis Systems"中选取"Transient Thermal"，双击或拖动到工作窗口中。

7.4.3　自定义材料属性

双击 A2 栏"Engineering Data"，如图 7-31 所示，进入材料库窗口。输出自定义材料，分别命名为"gangkuai""yetiquyu"，按照实例概述的要求设置材料属性，如图 7-32 所示。

7.4.4　绘制几何图形

双击 A3 栏"Geometry"进入 DesignModeler，如图 7-33 所示。在 XY 平面创建草图，绘

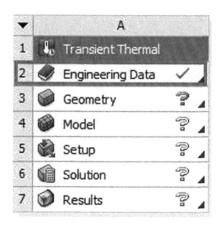

图 7-31　打开材料库

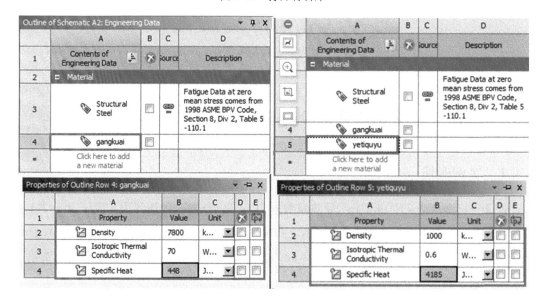

图 7-32　定义材料属性

制边长为 1 m 的正方形,对该草图选择拉伸功能,设置拉伸长度为 1 m,获得所需的立方体钢块。利用 Tools 下拉菜单中的 Enclosure 操作设置外流场,如图 7-34 所示,各个方向都设置为 1 m 即可生成一个包裹钢块的边长为 3 m 的立方体液体区域,点击生成,成功之后关闭 DesignModeler,如图 7-35 所示。

7.4.5　网格划分

返回 ANSYS Workbench 16.0 工作的主界面后,双击 A4 栏"Model"进入 Mechanical 工作界面。划分网格之前先对几何体进行材料选择,如图 7-36 和图 7-37 所示,点击第一个实体"Solid",再在 Details of "Solid"面板中点击"Assignment"右边的小三角符号并选择已

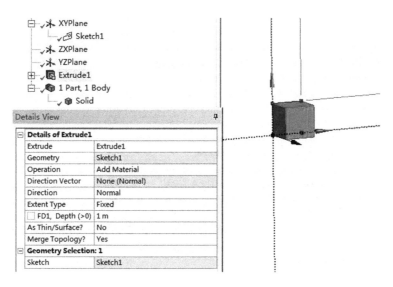

图 7-33　绘制立方体钢块

图 7-34　添加外流场

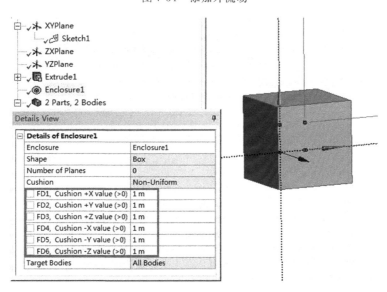

图 7-35　绘制液体区域

设置好的"gangkuai"；点击第二个实体"Solid"，再在 Details of "Solid"面板中点击"Assignment"右边的小三角符号并选择已设置好的"yetiquyu"。点击"Mesh"，将"Relevance"调至 100，其他参数保持默认设置不变，如图 7-38 所示，生成网格，如图 7-39 所示。

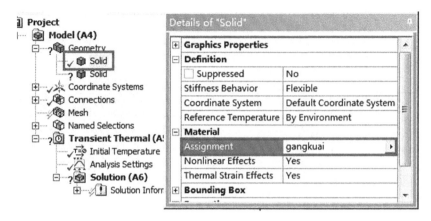

图 7-36　设置钢块材料

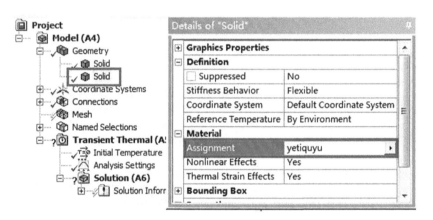

图 7-37　设置液体区域材料

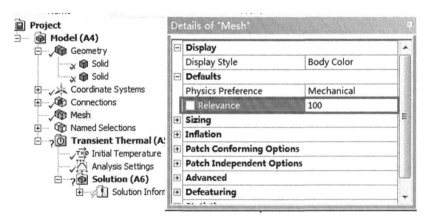

图 7-38　设置网格相关度

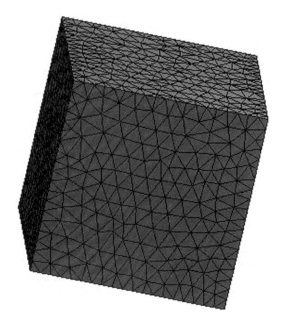

图 7-39　生成网格

7.4.6　施加载荷与边界条件

首先点击"Analysis Settings",在相应 Details 面板中设置"Step End Time"为 500 s,即设置经过的时间为 500 s,如图 7-40 所示。点击 Environment 工具栏中的"Temperature",添加中心处的钢块温度为 90 ℃,"Geometry"选择中心区域的钢块体(此处需要右键点击外部液体区域并选择隐藏,修改选择对象为体,选中中心区域的钢块整体后,点击"Apply",再将隐藏的外部液体区域显示出来),"Apply To"选择"Entire Body"应用于选中的整个几何体,"Magnitude"通过点击右侧小三角后选择参数设置方式为表格输入"Tabular Data"。点击整个窗口右下角的 Tabular Data,设置初始温度为 90 ℃,最终温度为 22 ℃,对应表格中 0 s 和 500 s 时的温度,如图 7-41 至图 7-43 所示。如图 7-44 所示,点击 Environment 工具栏中的"Convection"设置液体区域参数,"Geometry"选择液体区域的 6 个面(此处需要把选择对象改回为"面"),"Film Coefficient"设置对流系数为 5 W/(m² · ℃)(此处注意单位是否匹配,菜单栏中 Units 可以修改采用的单位制),"Ambient Temperature"设置为环境温度 22 ℃,如图 7-45 所示。

7.4.7　设置求解项

选择 Solution 工具栏中的"Thermal"和"Probe",分别添加求解项热量温度和探针温度,如图 7-46 所示,其中"Probe"下"Temperature"中的"Geometry"选择液体区域,如图 7-47 所示,设置完成,如图 7-48 所示。

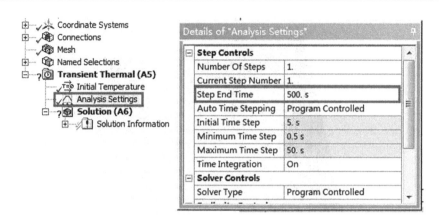

图 7-40　设置载荷步

图 7-41　添加温度条件

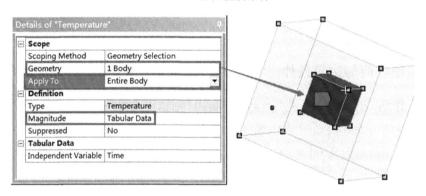

图 7-42　设置中心钢块参数

	Steps	Time [s]	✔ Temperature [°C]
1	1	0.	90.
2	1	500.	22.
*			

图 7-43　设置中心钢块温度

图 7-44　添加对流

7.4.8　求解并查看求解结果

右击"Solution(A6)"选择"Solve"进行求解,其"Temperature"结果如图 7-49 和图 7-50

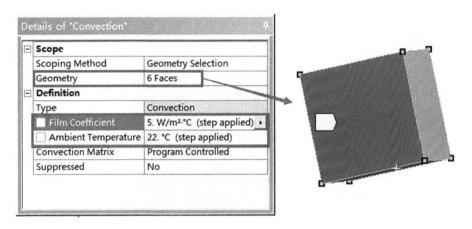

图 7-45　设置液体区域参数

图 7-46　添加求解项

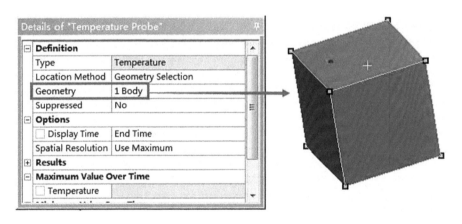

图 7-47　选择求解项对象

图 7-48　求解项设置完成

所示(可以通过做剖面查看内部钢块温度)，其"Temperature Probe"结果如图 7-51 和图 7-52 所示(可以通过做剖面查看内部温度)。

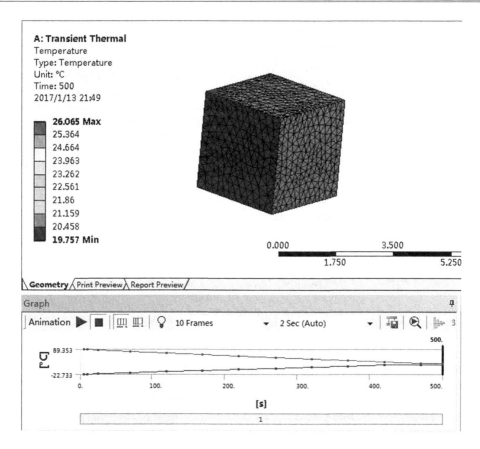

图 7-49　温度云图结果

	Time [s]	✔ Minimum [°C]	✔ Maximum [°C]
1	5.	-22.279	89.32
2	10.	-22.733	89.353
3	25.	-20.51	86.827
4	70.	-15.57	80.745
5	120.	-10.295	74.066
6	170.	-5.1439	67.279
7	220.	-0.10897	60.485
8	270.	4.8121	53.69
9	320.	9.6218	46.895
10	370.	14.323	40.1
11	420.	18.737	33.306
12	470.	20.694	26.511
13	500.	19.757	26.065

图 7-50　温度结果的表格形式

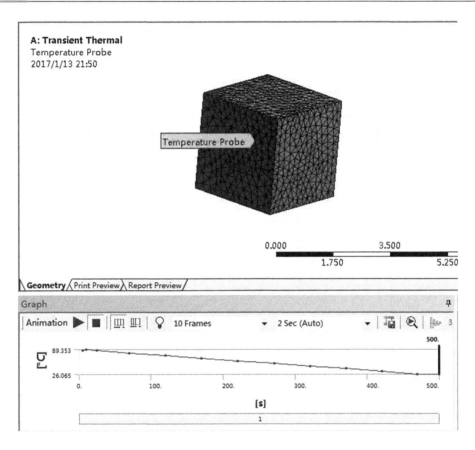

图 7-51 探针温度结果云图

	Time [s]	✓ Temperature Probe [°C]
1	5.	87.892
2	10.	89.353
3	25.	86.827
4	70.	80.745
5	120.	74.066
6	170.	67.279
7	220.	60.485
8	270.	53.69
9	320.	46.895
10	370.	40.1
11	420.	33.306
12	470.	26.511
13	500.	26.065

图 7-52 探针温度结果的表格形式

7.4.9 结果保存与退出

将结果保存为"refenxi-2"后关闭软件。

7.5 本章小结

本章主要介绍了工程热力学分析的基本知识,以及有限元热分析的基本操作。热分析中最主要的就是抓住并区分稳态热分析和瞬态热分析,然后根据相应的分析选择相应的模块进行求解计算。不同求解模块中,有其特殊的求解设置,热分析中边界条件的设置以温度和对流设置为主,求解结果根据需要而定,主要为查看温度云图。

第8章 屈曲分析

8.1 屈曲分析概述

屈曲分析主要用于研究结构在特定载荷下的稳定性以及确定结构失稳的临界载荷。屈曲分析包括线性屈曲分析和非线性屈曲分析。线弹性失稳分析又称为特征值屈曲分析;线性屈曲分析可以考虑固定的预载荷;非线性屈曲分析包括几何非线性失稳分析、弹塑性失稳分析、非线性后屈曲分析等。线性屈曲分析通过 Linear Buckling 分析系统进行,而非线性屈曲分析则直接在结构静力分析系统中完成。

线性屈曲分析以特征值为研究对象,分析得到理想线弹性结构的理论极限载荷,而不考虑实际结构中存在的缺陷和非线性因素,如非弹性材料的响应、几何大变形、接触行为等,也不考虑影响结构响应或使模型不对称的小缺陷,因此线性屈曲通常产生非保守的结果。尽管线性屈曲分析是非保守的,但是也有许多优点:

(1)线性屈曲分析比非线性屈曲分析省时,并且应当作为第一步计算来评估临界载荷(屈曲开始时的载荷);

(2)通过线性屈曲分析可以预知结构的屈曲模型形状,结构可能发生屈曲的方法可以作为设计中的向导。

更准确的预测结构的失稳方法是进行非线性屈曲分析,它需要在静力分析时打开大变形、增量载荷加载求解,可以包括初始缺陷、塑性行为、间隙和大变形响应。相对于线性屈曲分析得到的临界载荷,考虑到缺陷和非线性影响,非线性屈曲分析得到的屈曲载荷要低得多。

8.2 线性屈曲分析

8.2.1 欧拉屈曲

结构丧失稳定性称作(结构)屈曲或欧拉屈曲。欧拉从一端固定另一端自由的理想柱出发,给出了压杆的临界载荷。理想柱是指起初完全平直而且承受中心压力的受压杆,如图8-1 所示。

设此杆是完全弹性的,且应力不超过它的比例极限,若轴向外载荷 P 小于它的临界值,此杆将保持直的状态而只承受轴向压缩。如果一个扰动(如横向力)作用于杆,使其有一个小的挠度,在这一扰动去除后,挠度就消失,杆又恢复到平衡状态,此时杆保持直立形式的弹性平衡是稳定的。

若轴向外载荷 P 大于它的临界值,杆的直的平衡状态变为不稳定,即任意扰动产生的

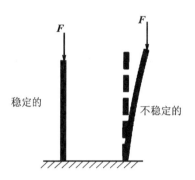

图 8-1　承受中心压力的受压杆

挠度在扰动去除后不仅不会消失,而且将继续扩大,直至远离直立状态的新的平衡位置或者弯折为止,此时,称此压杆失稳或屈曲(欧拉屈曲)。

线性屈曲是以小位移小应变的线弹性理论为基础的,分析中不考虑结构在受载变形过程中结构构形的变化,也就是在外力施加的各个阶段,总是在结构初始构形上建立平衡方程。当载荷达到某一临界值时,结构构形将突然跳到另一个随遇的平衡状态,称之为屈曲。临界点之前称为前屈曲,临界点之后称为后屈曲。

梁的界面一般都做成窄而高的形式,使得截面两主轴惯性矩相差很大。如梁跨度中部无侧向支撑或侧向支撑距离较大,在最大刚度平面内承受横向载荷或弯矩作用时,载荷达到一定数值,梁截面可能产生侧向位移和扭转,导致其丧失承载能力,这种现象称为梁的侧向弯扭屈曲,简称侧扭屈曲。

理想轴心受压直杆的弯曲弹性屈曲,即假定压杆屈曲时不发生扭转,只沿着主轴弯曲。但是对于开口薄壁界面构件,在压力作用下有可能在扭转变形或弯扭变形的情况下丧失稳定,这种现象称为扭转屈曲或弯扭屈曲。

8.2.2　线性屈曲分析基础知识

进行线性屈曲分析的目的是寻找分歧点,评价结构的稳定性。在线性屈曲分析中求解特征值需要用到屈曲载荷因子 λ_i 和屈曲模态 Ψ_i。

线性静力分析中包含了刚度矩阵 $[S]$,它的应力状态函数为

$$([K]+[S])\{x\}=\{F\} \tag{8-1}$$

如果分析是线性的,可以在载荷和应力状态上乘以一个常数 λ_i,此时

$$([K]+[S])\{x\}=\lambda_i\{F\} \tag{8-2}$$

在一个屈曲模型中,位移可能大于 $\{x+\Psi\}$ 而载荷没有增加,因此

$$([K]+[S])\{x+\Psi\}=\lambda_i\{F\} \tag{8-3}$$

也是正确的。

通过上面的方程进行求解,可得

$$([K]+\lambda_i[S])\{\Psi_i\}=0 \tag{8-4}$$

式(8-4)就是在线性屈曲分析求解中用于求解的方程,这里 $[K]$ 和 $[S]$ 是定值,假定材料为线弹性材料,可以利用小变形理论但不包括非线性理论。

对于上面的求解方程,需要注意如下事项:

（1）在进行线性屈曲分析之前必须进行结构静力学分析（static structural analysis），以计算应力硬化矩阵[S]。

（2）线性屈曲分析得到的是屈曲载荷因子（buckling load factor），即特征值 λ，将屈曲载荷因子乘以结构静力学分析时施加的载荷，即得到临界载荷。例如，在结构静力学分析时施加了 10 N 的压力载荷，而线性屈曲分析得到的屈曲载荷因子值为 2500，则临界载荷为 25000 N。为方便计算，一般在结构静力学分析时施加的是单位载荷。

（3）一个结构有无穷多个屈曲载荷因子和相对应的屈曲模态，通常情况下只对前几个模态感兴趣，这是因为屈曲发生在高阶屈曲模态之前。

（4）屈曲载荷因子会应用到所有结构静力学分析时施加的载荷。如果施加的载荷中有的是常量（如重量）、有的是变化的，那么就需要专门的处理以保证准确的结果。一种方法是在结构静力学分析时反复调整变量载荷的大小，直到屈曲分析计算得到的屈曲载荷因子值为 1 或接近于 1。这时，结构静力学分析时所施加的载荷即为临界载荷。

（5）屈曲模态不是实际位移。

线性屈曲分析比非线性屈曲分析省时，并且可以作为第一步计算来评估临界载荷（屈曲开始时的载荷）。线性屈曲分析具有以下特点：

（1）通过特征值或线性屈曲分析结果可以预测理想线弹性结构的理论屈曲强度。

（2）该方法相当于线弹性屈曲分析方法，用欧拉行列式求解特征值屈曲与经典的欧拉解一致。

（3）线性屈曲得出的结果通常是不保守的。由于缺陷和非线性行为的存在，因此得到的结果无法与实际结构的理论弹性屈曲强度一致。

（4）线性屈曲无法解释非弹性材料的响应、非线性作用、不属于建模的结构缺陷（凹陷）等问题。

8.2.3　线性屈曲分析实例——起重机卷筒线性屈曲分析

卷筒直径 $D=1200$ mm，卷筒总长 $L=2790$ mm，壁厚 $\delta=31$ mm，绳槽部分的长度 $L_0=2\times1120$ mm，卷筒两端空余部分长度 $L_1=2\times115$ mm，卷筒中间无绳槽部分的长度 $L_2=320$ mm，钢丝绳直径 $d=31$ mm，绳槽节距 $t=35$ mm，钢丝绳拉力 $S_{max}=14\times10^4$ N。

1. 物理模型建立及简化

在运用 ANSYS 进行有限元屈曲分析时需对模型进行简化，并保证模型如实地反映卷筒结构实际的力学特性，尽量采用较为简单的单元，确保在有限的计算机硬件条件下完成工作。将带有绳槽的卷筒简化成光面卷筒，由于卷筒表面没有绳槽，为了简化模型，建立与光面卷筒尺寸相同的圆柱形壳体，并将圆柱模型外表面沿径向分割成五部分，即两边和中间未卷绕钢丝绳部分以及用于卷绕钢丝绳的部分，以便将作用力施加到卷筒受力面上。

2. 材料选择

此处卷筒材料选择 Q345，屈服强度 $\sigma_s=345$ MPa，其弹性模量 $E=2.06e11$ Pa，泊松比为 $\mu=0.3$。

3. 边界条件及载荷的设置

考虑卷筒的结构，约束卷筒两端的径向位移，即卷筒两端简支。在特征值屈曲分析中，特征值与施加载荷的乘积即为分叉点的临界载荷,当施加的载荷为 1 Pa 时,特征值即为卷筒临界载荷,因此,将 1 Pa 的载荷施加在卷筒长度为 L_0 的外表面。

起重机卷筒线性屈曲分析的具体分析步骤如下。

1. 启动 Workbench 16.0 并建立分析项目

Step 1 在 Windows"开始"菜单中执行"ANSYS 16.0"→"Workbench 16.0"命令。

Step 2 双击 Toolbox 中"Analysis Systems"下的"Static Structural"创建分析项目 A,如图 8-2 所示。

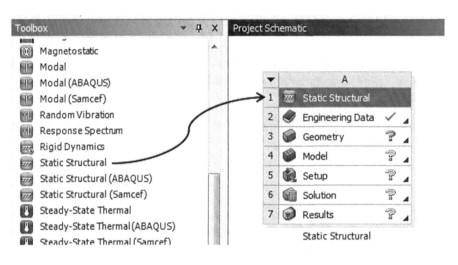

图 8-2　创建静力学分析项目 A

Step 3 在 Toolbox 中"Analysis Systems"下的"Eigenvalue Buckling"选项上按住鼠标左键,拖动到 Project Schematic(项目管理区)静力学分析项目 A 中的 A6 中,当 A6 呈红色高亮显示时,释放鼠标创建屈曲分析项目 B,如图 8-3 所示。

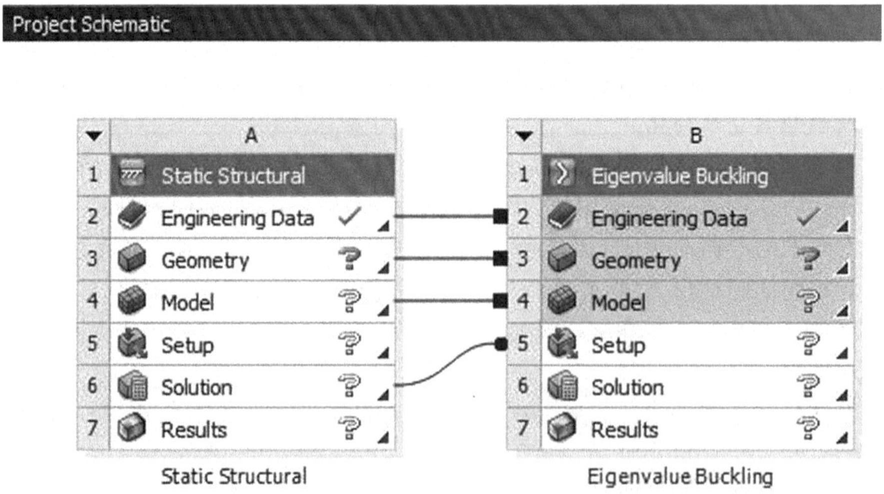

图 8-3　创建屈曲分析项目 B

2. 导入几何模型

Step 1 在 A3 栏的"Geometry"上单击鼠标右键,在弹出的快捷菜单中选择"Import Geometry"→"Browse…"命令,如图 8-4 所示,弹出"打开"对话框。

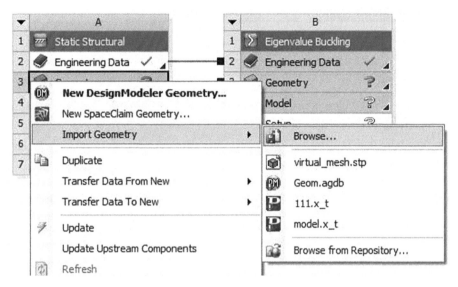

图 8-4　选择"Import Geometry"→"Browse…"命令

Step 2 在弹出的"打开"对话框中选择 8-2-3juantong 文件,此时 A3 栏的"Geometry"项后面的 变成 ,表明实体模型已经添加。

Step 3 双击 A3 栏的"Geometry",进入 DesignModeler 界面,在流程树"Import"节点前面显示 标识,表示需要生成,此时图形窗口没有图形显示,单击"Generate"按钮,在窗口中将显示几何图形,如图 8-5 所示。

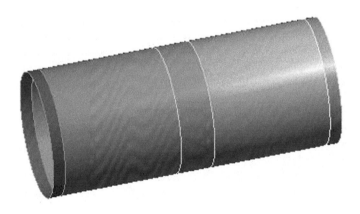

图 8-5　卷筒模型

Step 4 回到 DesignModeler 界面,单击右上角的 按钮,退出 DesignModeler 界面,返回 ANSYS Workbench 16.0 主界面。

3. 添加材料

Step 1 双击 A2 栏的"Engineering Data"选项进入材料添加界面。首先对材料进行命名,此处将卷筒的材料命名为"Drums material",如图 8-6 所示。

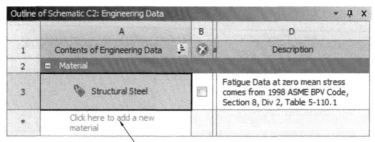

图 8-6　对材料进行命名

Step 2 添加材料属性。按照图 8-7 所示的方法添加材料属性,在 Young's Modulus 文本框中输入 2.06e11。在 Poisson's Ratio 文本框中输入 0.3,单击右上角叉号退出材料添加界面。

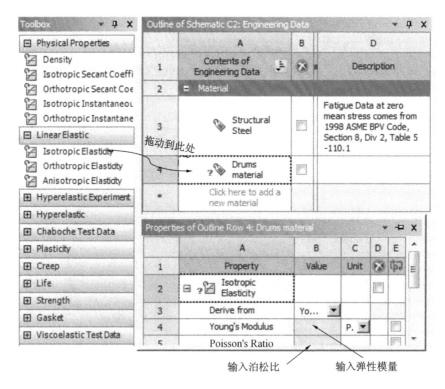

图 8-7　材料属性的添加方法

4. 网格划分

Step 1 双击 Project Schematic(项目管理区)中的 A4 栏"Model"项,进入 Mechanical 界面,在该界面下可进行网格划分、分析设置、结果观察等。

Step 2 在"Outline"中选择"Mesh"节点,弹出 Details of "Mesh"对话框,如图 8-8 所示,按照图示的方法对网格参数进行设置。

Details of "Mesh"		
Display		
Display Style	Body Color	
Defaults		
Physics Preference	Mechanical	
☐ Relevance	100	relevance文本框输入100
Sizing		
Use Advanced Siz...	Off	
Relevance Center	Fine	relevance Center选择Fine
☐ Element Size	20.0 mm 单元尺寸设置为20mm	
Initial Size Seed	Active Assembly	
Smoothing	Medium	
Transition	Fast	
Span Angle Center	Coarse	
Minimum Edge L...	3672.50 mm	
Inflation		
Patch Conforming Options		
Patch Independent Options		
Advanced		
Defeaturing		
Statistics		

图 8-8　网格参数设置

Step 3 单击"Update"按钮,进行网格划分,网格划分完成后可以得到如图 8-9 所示的网格。

5. 载荷施加与边界条件设定

Step 1 在"Outline"中选择"Static Structure(A5)"节点,出现 Environment 工具栏。

Step 2 单击 Environment 工具栏上的"Support"→"Fixed Support"命令,单击 Face(选择面)工具栏上的 图标,在 Details of "Fixed Support"列表中单击"Scope"选项下的"Scoping Method"项,选择两端端面,单击"Geometry"项中的"Apply"按钮,完成边界条件的添加,如图 8-10 所示。

Step 3 单击 Environment 工具栏上的"Load"→"Pressure"命令,单击 Face(选择面)工具栏上的 图标,在 Details of "Pressure"列表中单击"Scope"选项下的"Scoping Method"项,选择图 8-11 所示的"面 1",单击"Geometry"项中的"Apply"按钮,在 Magnitude 文本框中输入 1 Pa。对于"面 2"载荷的施加,只需重复操作本步骤即可。

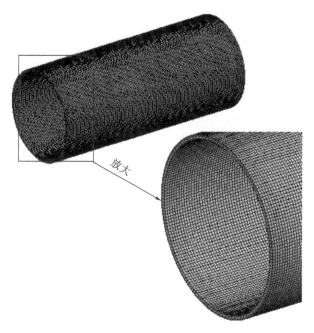

图 8-9　卷筒网格模型

图 8-10　边界条件的添加

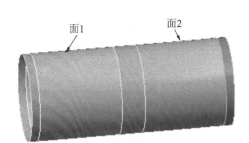

图 8-11　载荷面的选择

6. 设置求解项

Step 1 在"Outline"中选择"Solution(A6)"节点，出现 Solution 工具栏。

Step 2 求解变形。单击 Solution 工具栏上的"Deformation"→"Total"命令，此时在流程树中将插入"Total Deformation"项，如图 8-12 所示。

Step 3 求解应力。单击 Solution 工具栏上的"Stress"→"Equivalent(von-Mises)"命令，此时在流程树中将插入"Equivalent Stress"项，如图 8-13 所示。

7. 静力学分析求解和结果显示

Step 1 单击工具栏上的"Solve"按钮，启动求解，系统弹出进度条，表示正在求解，求解完成后进度条自动消失。

Step 2 变形云图。在"Outline"中选中"Solution(A6)"，单击其下的"Total Deforma-

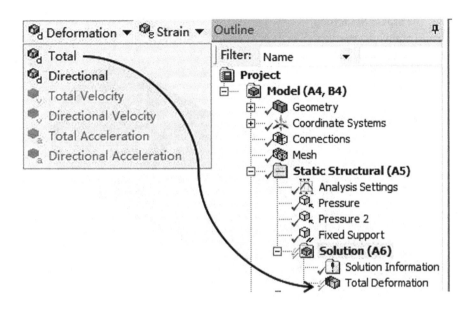

图 8-12　添加变形求解项

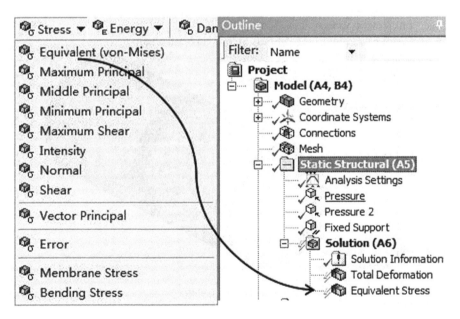

图 8-13　添加应力求解项

tion"项， Total Deformation，在图形窗口中显示变形云图。选择 Result 工具栏上的"1.0 (True Scale)"项，可显示真实变形云图，如图 8-14 所示。

　　Step 3 应力云图。在"Outline"中选中"Solution（A6）"，单击其下的"Equivalent Stress"项， Equivalent Stress，在图形窗口中显示应力云图。选择 Result 工具栏上的"1.0 (True Scale)"项，可显示真实应力云图，如图 8-15 所示。

图 8-14　变形云图

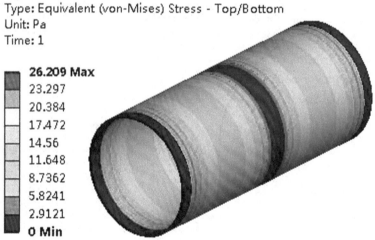

图 8-15　应力云图

8. 设置屈曲分析求解项

Step 1 在"Outline"中选择"Solution(B6)"节点,出现 Solution 工具栏。

Step 2 求解变形。单击 Solution 工具栏上的"Deformation"→"Total"命令,此时在流程树中将插入"Total Deformation"项,如图 8-16 所示。

9. 求解屈曲分析并显示结果

Step 1 单击工具栏上的"Solve"按钮,启动求解,系统弹出进度条,表示正在求解,求解完成后进度条自动消失。

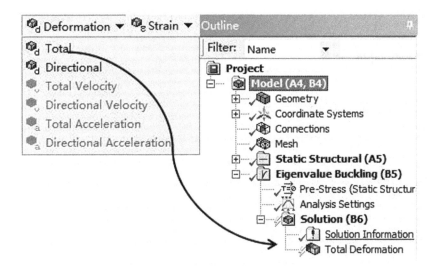

图 8-16　添加变形求解项

Step 2 变形云图。在"Outline"中选中"Solution(B6)",单击其下的"Total Deformation"项, Total Deformation,在图形窗口中显示变形云图,如图 8-17 所示。

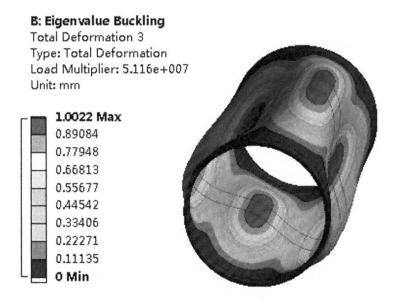

图 8-17　屈曲分析变形云图

从图 8-17 显示的结果可知 Load Multiplier 的值为 $5.11×10^7$,由于所施加的载荷为真实载荷,说明 Load Multiplier 相当于负载屈曲安全系数,该载荷因子乘以载荷所得结果即为临界线性失稳载荷 $5.11×10^7$ Pa。

10. 保存和退出

Step 1 单击 Mechanical 界面右上角的 X 按钮,退出 Mechanical 界面,返回 ANSYS Workbench 16.0 主界面。

Step 2 单击工具栏上的 ■（保存）按钮，保存项目，再单击右上角的 ✕ 按钮退出。

8.3 非线性屈曲分析

8.3.1 非线性屈曲分析概述

非线性屈曲分析是一种比线性屈曲分析更加精确的分析方法，广泛运用于结构的实际设计计算中，它在大变形的情况下（考虑几何非线性）运用一种逐渐增加载荷的非线性分析技术来求得结构由稳定状态到不稳定状态的临界载荷。在分析过程中可以包括结构的初始缺陷、塑性、大变形响应等特征，如果分析中选择弧长法，则可以跟踪结构的后屈曲行为，这对后继的结构行为很有用处。

线性屈曲分析得到的是理想线弹性结构的理论极限载荷，然而非理想非线性行为阻止了实际结构达到该理论极限载荷，故线性屈曲分析会产生非保守的结果。而非线性屈曲分析可以得到更准确的极限载荷。

非线性屈曲分析属于非线性的结构分析，可以考虑结构的初始缺陷和材料的非线性等特性。一般先对材料进行线性屈曲分析以得到临界载荷和屈曲模态，然后将屈曲模态乘以一个很小的系数，作为初始缺陷施加到结构上，进行非线性屈曲分析。进行非线性屈曲分析时，要参考线性屈曲分析以得到临界载荷逐渐增加。在后处理时，建立载荷和位移关系曲线，从而确定结构的非线性临界载荷。

8.3.2 非线性屈曲分析思路及注意事项

（1）载荷增量的施加。根据非线性屈曲分析的原理，载荷的增量必须足够小，必须确保当接近期望的临界载荷时，载荷增加量不会使分析不能得到精确的屈曲载荷预测值。因此，必须确保载荷增量足够小，可通过选定二分法和自动时间步长选项来防止载荷增量过大的问题。

（2）自动时间步长。在 ANSYS 程序中当选定自动时间步长时，程序会自动找出屈曲载荷，且在选定此项后，如果在给定载荷下求解不收敛，程序会改变载荷步长，将时间（载荷）步长减小一半，然后再求解。在每一次不收敛的求解中程序都会给出预测值等于或超过了屈曲载荷的信息，直到程序算出收敛解。

（3）注意事项。一个非收敛的解可能是由于数值不稳定引起的，因此，它不一定就是结构达到最大的载荷，但可以用模型细化来进行修正。同时可以跟踪结构的载荷-变形历程，确定非收敛的载荷步，判断是否达到实际结构的屈曲极限，或是否是由其他的问题造成的不收敛。对于结构的屈曲，可以先用弧长法进行预分析，以预测临界载荷的近似值，也可以通过弧长法程序本身不断地修正弧长半径求得一个精确的临界载荷值。

另外，还应注意，在分析结构平面受应力或轴向应力时，必须在结构上施加很小的扰动。在进行大变形分析前，要保证施加载荷类型的正确性。在实际的工程中，为计算出结构的非线性屈曲安全系数，应将稳态分析进行到结构的临界载荷点，运用弧长法将分析扩展到后屈曲范围，并用载荷位移曲线来跟踪屈曲行为。

（4）施加初始扰动。在非线性屈曲分析之前要做特征值屈曲分析，将分析结果作为非线性分析的施加载荷，其屈曲变形形状作为初始缺陷的根据。

（5）弧长法。在运用弧长法时，可以运用特征值屈曲分析的结果作为施加载荷，使用弧长法进行非线性分析。运用弧长法一般采用两个载荷步，在第一个载荷步中，打开自动时间步长；第二载荷步，运用弧长法使分析通过临界载荷，在整个运用过程中，不指定 Time 值。如果分析失败，可以通过减小初始半径来加强收敛，并在时间历程后处理中用载荷变形曲线来指导分析。

8.3.3　非线性屈曲分析实例——起重机卷筒非线性屈曲分析

非线性屈曲分析是在线性屈曲分析的基础上进行的。对于起重机卷筒的线性屈曲分析前文已经论述过，在此直接进行非线性屈曲分析步骤的介绍。首先打开前例线性屈曲分析文件。

1. 复制项目 A 得到新的项目

Step 1 在项目管理区中选中"Static Structural"单元格，单击鼠标右键，在弹出的快捷菜单中选择"Duplicate"命令，复制得到一个新项目 C，如图 8-18 所示。

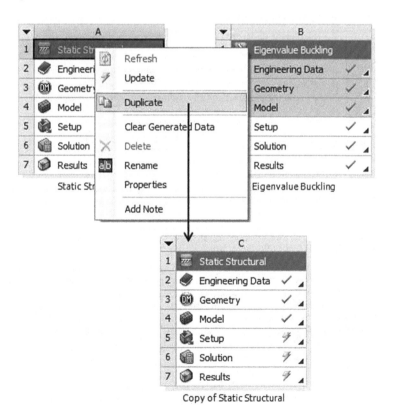

图 8-18　复制新项目

Step 2 双击 Project Schematic（项目管理区）中的 C4 栏"Model"项，进入 Mechanical 界面。在 Details of "Analysis Setting"对话框中设置自动时间步长和大变形，如图 8-19 所示。

Details of "Analysis Settings"	卪
Restart Analysis	
Restart Type	Program Controlled
Status	Done
Step Controls	
Number Of Steps	1.
Current Step Number	1.
Step End Time	1. s
Auto Time Stepping	On
Define By	Substeps
Initial Substeps	100.
Minimum Substeps	50.
Maximum Substeps	200.
Solver Controls	
Solver Type	Program Controlled
Weak Springs	Program Controlled
Solver Pivot Checking	Program Controlled
Large Deflection	On
Inertia Relief	Off
⊞ **Restart Controls**	
⊞ **Nonlinear Controls**	
⊞ **Output Controls**	
⊞ **Analysis Data Management**	
⊞ **Visibility**	

图 8-19　分析设置

Step 3 修改载荷为 60 MPa，如图 8-20 所示。通常，非线性屈曲分析中外力大于特征值的 20%。

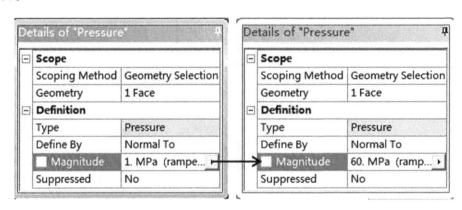

图 8-20　修改载荷

2. 施加初始缺陷

单击工具栏上的 Insert Command 按钮 ，弹出 Commands 对话框，如图 8-21 所示，输入命令如下：

```
/PREP ！进入预处理器
UPGEOM,0.0001,1,1,'FILE','RST',E:0\MODEL\COMPELETE\OK\-files\dp0\SYS-1\MECH
FINI     ！退出预处理器
/SOLU      ！进入求解器,开始非线性屈曲分析
```

以上命令中,UPGEOM 命令用于施加初始缺陷,将其存储在文件夹中的 E:0\MODEL \COMPELETE\OK_files\dp0\SYS-1\MECH.RST 中,线性屈曲模态变形乘以因子 0.0001 后更新起重机卷筒的几何形状。

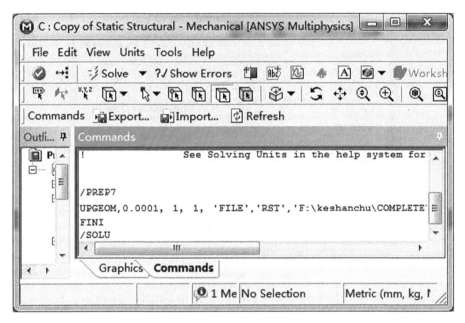

图 8-21　插入 Commands 对象

3. 求解并显示分析结果

Step 1 单击工具栏上的"Solve"按钮,启动求解,系统弹出进度条,表示正在求解,求解完成后进度条自动消失,如图 8-22 所示。

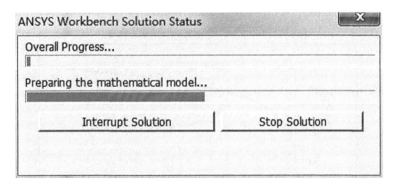

图 8-22　求解进度条

Step 2 在流程树中选中"Pressure"同时按住 Ctrl 键单击"Total Deformation"分支,在详细设置窗口中设置参数,如图 8-23 所示。

Details of "Chart"		
Definition		
Outline Selection	2 Objects	
Chart Controls		
X Axis	Total Deformation (Max)	
Plot Style	Both	
Scale	Semi-Log (Y)	
Gridlines	None	
Axis Labels		
X-Axis		
Y-Axis		
Report		
Content	Chart And Tabular Data	
Caption		
Input Quantities		
Time	Omit	
[A] Pressure	Display	
Output Quantities		
[B] Total Deformation (Min)	Omit	
Total Deformation (Max)	X Axis	

图 8-23 设置图表参数

Step 3 在 Graph 窗口中出现力和变形图的关系图,如图 8-24 所示。从图中可以看出特征值屈曲分析方法是比较理想化的,在分析时,材料是线弹性的,壳体结构是理想化无缺陷的,因此,得出的结果是非保守的,与实际情况相比呈现较大的差异。通过几何非线性屈曲分析可以得到更接近工程实际的结果,几何非线性屈曲分析必须要有初始缺陷,一般初始缺陷为筒体壁厚的 1%～10%,这里对卷筒施加的初始缺陷为 1 mm,为壁厚的 3.3%～5.6%,考虑几何非线性(大变形)。

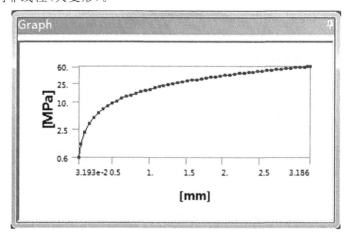

图 8-24 力和位移图表显示

　　由图 8-24 可知,在卷筒未失稳前随着载荷的增加,节点的径向位移逐渐增大,当卷筒趋近于失去稳定性时,增加较小的载荷,节点的位移也变动比较大,当载荷增加到临界载荷时,节点的位移突然变得很大,这时卷筒失去稳定性。由图上可知卷筒的几何非线性屈曲临界载荷大约为 30 MPa。

4. 保存和退出

　　Step 1　单击 Mechanical 界面右上角的 ⊠ 按钮,退出 Mechanical 界面,返回 ANSYS Workbench 16.0 主界面。

　　Step 2　单击工具栏上的 ▦(保存)按钮,保存项目,再单击右上角的 ⊠ 按钮退出。

8.4　本章小结

　　本章首先讲解了屈曲分析的基础知识,然后介绍了 ANSYS Workbench 16.0 软件中屈曲分析的流程,最后通过两个工程实例讲解线性屈曲分析和非线性屈曲分析的具体分析步骤。通过本章的学习,读者可以掌握 ANSYS Workbench 16.0 屈曲分析的操作流程。

参 考 文 献

[1] 刘江. ANSYS 14.5 Workbench 机械仿真实例详解[M].北京:机械工业出版社,2015.

[2] 黄志新,刘成柱. ANSYS Workbench 14.0 超级学习手册[M].北京:人民邮电出版社,2013.

[3] 翟春联,刘阳江,冯豪,等.某型装载机柴油箱结构强度设计[J].工程机械,2011,42(1):14-17.

[4] 付广,梁静强,罗慧娟,等.汽车燃油箱流固耦合模态分析[J].汽车科技,2016(2):25-28.

[5] 肖汉斌,程贤福,陶德馨,等.焊接卷筒稳定性计算方法研究[J].机械强度,2000,22(2):156-158.

[6] 程贤福,余志良,吴国栋.基于 ANSYS 的大型焊接卷筒稳定性分析[J].组合机床与自动化加工技术,2013(5):1-4.